U0050084

餐飲財務分析與成本控制

陳哲次 著

本書係作者在旅館業界將近三十年的實際執掌「財務分析與成本控制」的經驗，總結其心得編著而成。

「財務分析與成本控制」在旅館業界是屬於經營管理階層的一大重點，其要點乃是針對旅館的經營狀況以及旅館的餐飲部門中最大費用的一項「成本」。

而旅館業的財務分析與其他各行各業的財務分析不同之點，在於商品別的不同。旅館業賣的是房間，賣的是餐飲以及其他附屬的東西，例如電話、洗衣、按摩、閉路電視、上網、高爾夫球，甚至於賭場等。而旅館業除了資產負債表上的分析之外，更是著在「損益表」上的分析。從旅館業的損益表就可以了解各種商品的績效，從而找出問題的中心來解決。

在旅館業的損益表上常常可以看出目前在台灣各觀光大飯店的營業收入當中，以餐飲的收入占最多，約占總營業收入的60至70%，其次才是客房約占30至35%，其餘的就只占5%左右。因此除了客房的分析之外，旅館的最高主管，都將財務分析的重心放在「餐飲部」，而餐飲部的兩大費用是人事費用與「成本」。尤其是食品成本是經營者最關心的部分。

因此本書的重點就是在替經營者來解決，如何降低旅館業餐廳的「食品成本」。從菜單、採購、驗收、入庫、發放、準備、烹調、服務到銷售，分別說明與食品成本增高的原因。

本書引述了許多實際的例子，皆為業界常常發生的，因此各經營者看了一定可以舉一反三。期望本書可以提供業者在食品成本控制上，面臨困擾時，可以當作字典來查詢，如何解決問題。

本書從執筆至完稿，前後耗費兩年，承蒙文化大學觀光研究所曹所長的鼓勵，才得以一氣完成，謹致由衷的謝意。匆匆脫稿，疏漏之處在所難免，尚祈海內外專家不吝指教。

陳哲次　謹識

目錄

SUN

前言

企業經營是以營利為目的，除非它是非營利事業的財團法人。由於一般企業的經營者都希望他所經營的公司能夠永續經營，因此，定期的，都會透過財務報表來探討與分析經營企業的營運狀況。餐飲業者當然也是如此。但是，餐飲業包括了生產與銷售兩個過程，其複雜性比其他服務業有過之而無不及。

然而，目前國內餐飲業者，大多靠師徒的傳授學習而來，缺乏一套有系統、合理的制度可以依循。就算有記帳作業，也是為了了解昨日營業額多少，以及現金是否周轉。萬一三點半跳票了，大部分的餐廳業者只能將餐廳讓渡給其他的經營者，或結束營業。

中餐業者更是如此，中餐的產值雖然占了整個餐飲業總營業量的80%左右，但業者的思考模式以及經營手法都相當的保守而且落後，如果想要有所突破，除非有系統的結合現代化企業經營及傳統的經驗。

當年麥當勞的進入台灣餐飲市場，對國內的餐飲業界造成很大的震撼，其嶄新的管理模式也為國內的餐飲業管理方式帶來不少的衝擊。另外，國際連鎖觀光飯店的進軍台灣，也為國內餐飲業引進許多先進的經營觀念。

隨著國際化腳步的加速，國外的餐飲系統不斷的大舉來台，而國內從業人員的人事費用又節節高升，傳統的中餐廳經營勢必越來越艱困，蛻變轉型邁向現代化經營的需求，預將更為迫切，可謂中餐突破傳統的良好契機。

上述現代化的經營管理，除了包括前場、後場的規劃設計，以及現代化的行銷手法之外，亦包括「財務分析及成本控制」，讓餐飲業者能夠了解要「永續經營」的條件，必須要對餐廳的收入、成本、費用的細項有更深入的了解，當面臨景氣低迷的時候，也能有所因應對策。所以，本書將針對餐廳的成本控制及財務分析作一有系統且深入的探討，祈望能對餐飲學系的學生及業者有所助益。

第一章 餐飲業的緒論

第一節　餐飲業的基本介紹

一、餐廳的演變

很早以前在中國就有餐廳的設立，只是名詞、形式有所不同，並沒有所謂通用的名字。至於歐洲各國的餐飲發展，也有相當久的歷史，早在古希臘羅馬時代，地中海沿岸的城鎮餐館林立，除了餐飲服務之外，尚有歌舞的表演，不過這些餐廳完全是家族式的經營，還不能稱得上企業化的管理，也夠無法稱上高雅之堂，然而已經有現代餐廳的經營理念與模樣了。

西元1850年，法國巴黎的"GRAND GOTEL"之餐廳經營方式，可稱之爲現代餐廳的早期代表。到了十九世紀末，餐飲業已經成爲觀光事業的最主要商品之一了，它的經營模式完全以現代化的方式，而取代以往家族式的管理，並且更注重餐廳內部的裝潢，講求營業的氣氛，以及高格調的服務品質。

二、餐廳的定義

爲了便於財務分析及成本控制的探討，茲將餐廳的定義概述如下：

(一)字面上的意義

係指，爲了維持體力，給予營養的食物與休息的場所。

(二)實質上的意義

餐廳是爲設有座位待客，提供餐飲、設備以及服務，來賺取合理利潤之一種服務性行業。

(三)條件上的意義

1.必須是提供服務，供應餐飲。

2.當然是以營利爲目的。

3.在一定的地點，設有招待顧客的場所，以及供應餐飲的設備。

三、 餐飲業的分類

依照經濟部商業司所頒訂的中華民國行業營業項目標準分類，餐飲業可以分類如下：

(一)餐館業

凡是從事中西式餐飲供應，並且領有執照者之餐廳、食堂、飯館等均屬之。其下又分爲：

1.速食餐廳：提供中式、日式或西式速食等。

2.一般餐廳：即一般的中式、日式及西式的餐廳。

3.小吃店業：凡從事便餐、點心、麵食等的供應，領有執照之行業均屬之。如永和豆漿店、四海遊龍鍋貼店等。

4.飲料店業：凡是以冷飲、水果飲料供應顧客而領有執照之行業均屬之。

四、餐飲業的特性

(一)明顯的淡旺時段

1.每日營業有尖峰與離峰的時間：因此，在經營上必須有一些特殊的安排。當然這跟地段有絕對的關係，如餐廳是座落在台北市東區，而且是一間高級的餐廳，那麼它的午餐生意會普通，但是晚餐將會生意興隆。同樣是座落在東區的餐廳，但是它屬於小吃店，中餐生意絕對很好，因爲上班族多的關係；然而相對的晚餐一定生意不是很好，因爲上班族都下班了。只要經營者知道這些特性，就應該仔細安排人員的上班時間與員工的數量，以免浪費人力。

2.明顯的淡旺季：在大飯店的宴會廳，農曆七月時，宴會廳空無一人，簡直是在養蚊子；在黃道吉日時，想宴客的新人，如果沒有提早三個月預訂筵席，欲在台北市的觀光大飯店宴會廳宴客，是不容易的。另外，火鍋店，冬天的生意是夏天的兩倍以上；但是冷飲店的生意剛好相反，夏天生意是冬天的兩倍，尤其民國九十二年的夏天更是炎熱，攝氏38度已經超過半個月了。

(二)商品原料的報廢率高

餐飲業原則上是顧客上門來才有生意，而食品原料由採購、驗收、進入廚房、經過烹調到變成菜單中的一道商品的過程中，無論是生的或是熟的都很容易變質，因爲它們是有時間性的，尤其在這麼熱的天氣裡。若顧客不來，生意不好很自然的這些原物料就會變質變壞了。

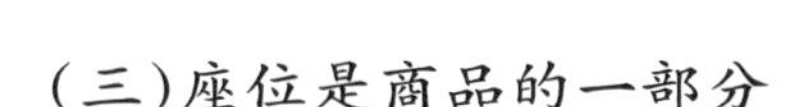

(三)座位是商品的一部分

就餐飲業而言，它所提供的商品，除了菜單上的食物之外，另外座位周轉率的高低，對營業收入有很大的影響。因此座位的規劃、設計、安排以及規劃外帶、外賣、外送等不必使用桌椅的賣場等都是餐飲業者在規劃管理中非常重要的課題。

(四)地點的適中性

餐廳座落的地點非常的重要，尤其對營業面而言，就好像以往想開任何商店最好是選擇「三角窗」，也就是座落在兩條大馬路的交叉點。如果位置選擇適當，位於集客力很好的地區，在營運上當然占盡便宜，而所謂集客很好的地區是指交通方便、人口集中、流動量大等。例如餐廳坐落在捷運站旁，消費者不需要費時費力就能夠光臨，人口集中及流動量大更可帶來大量的消費者。

同時再將每個地區的特殊因素也考慮在內，例如男女性別的比率、人口的密度、職業與平均所得額、學校、工商業、遊樂場、工廠、政府機關等現在和將來的發展趨勢，這些都是餐廳繁榮的重要附加因素。

另外，還要考慮市場的接近程度。如能夠與學校或金融中心等緊密的結合，提供真誠的服務，以獲得他們的好感，當他們有任何餐飲聚會的需求時，必定會選擇附近有特色的餐廳。

所以，在交通日益繁忙的情況下，餐飲業立地的選擇，也是成功與否的重要因素之一。

(五)產業關連性大

與餐飲業關係密切的產業很多，如食品加工業、商業、金融業、消耗品業、政府機關、電力公司、自來水廠、瓦斯公司、運輸業、電信業等。但是，與食品加工的關連最大，隨著新型態的外食企業的加入，與其他企業的關連性也會越來越大，周邊關連的企業也增多了。

(六)不可分割性

原物料從請購、採購、驗收、儲存、烹調、服務、銷售一系列的動作，在餐飲業都是於同一時間與地點進行。不像製造業，它們的商品依標準規格大量的生產，餐飲業比較不容易預估銷售量以控制生產量。餐飲業的生產量受顧客數量與季節氣候的氣響，顧客在購買前沒有辦法預知。而且同樣一種原料要製作給許許多多，不同嗜好的顧客享用，全部都在極短的時間內完成，所以說，餐飲業也被形容爲具有生產與銷售的兼營性。不過，近年來許多國際觀光大飯店及大型的連鎖店都設有中央廚房，食物可以預先在中央廚房做好，再運送到賣場，因此生產與銷售可以分離。

(七)勞力密集

餐飲業是勞力密集的服務業之一，不論是廚房或是外場，總是需要大量的人力投入各項作業的運作。雖然少部分的餐廳有中央廚房設備，能夠以自動化設備來取代人力，但是，絕大多數的餐廳，廚房還是高度勞力的密集區。

另外，外場部分，即使是顧客參用餐率最高、外場的服務人員最不需要服務顧客的速食店如肯德基、麥當勞，其外場的勞力密集度與其他行業相比，仍然是相當高。在某年天下雜誌所刊登的服務業500大排行榜中，人事費用與營業收入的比較，麥當勞名列在倒數十名內。由此可見，人力在餐飲業是不可或缺的投入要素，因此人力資源的安排與配合，也成了餐飲業經營成本的重要課題。

(八)多數屬於小本經營不易實施企業化經營

餐飲業的資金，主要來自業者本身，有其優點及缺點。優點是資金的取得並不困難；缺點是取得的數目有限，在擴充設備或產能以及希望連鎖經營方面，比較不容易達成，其成長速度因此有所限制。

第二節　台灣餐飲業的沿革與現況

一、沿革

(一)保守時期

早期台灣餐飲的水準不高，沒有自成一格的特色，直到明末清初鄭成功駐守台灣的時候，才將福建菜帶進來。福建菜的特色是，清爽、不油膩，然而味道鮮美，尤其是其湯頭，特別的講究，的確有「一湯十變」的傳言。

到了甲午戰爭之後，日本統治台灣，把純正的日本料理帶進來開始，其對台灣餐飲業界的影響，非常的深遠，從光復到目前仍然盛行的狀況可見一斑。另外，西餐也透過日本人同步的引進台灣。

(二)多元化時代

民國三十八年國民政府撤退來台之後，大陸各地的料理與台灣飲食相互的結合，使得台灣的餐飲業像百花齊放。從川菜、湘菜、粵菜、江浙菜、北京菜、甚至於蒙古烤肉等大江南北的各種菜色，都在台灣可以品嚐得到。名震一時的餐廳，如竹林川菜館，榮星川菜館，馬來亞餐廳等，都是讓許多來台五十年以上的人士所津津樂道的。

西餐也經由各國大使館隨政府遷台，以及從上海來台的一些西餐師傅手中，在台灣的餐飲業界闖出了一片天。在台北市武昌街的明星西餐廳，就是最好的見證。多少的文藝界聞人在那裡享受了多年清靜的又充滿靈感的日子。

一直到民國六十年代，台灣的經濟開始起飛，國民所得不斷的翻新，對餐飲已經不是溫飽就可以滿足了，因此隨著消費者的需求，餐飲業者的經營型態也不斷的翻新，如酒廊、啤酒屋、中菜西吃等。台北市忠誠路的啤酒屋就是最好的例子，短短的一條忠誠路，至少有五十家以上的啤酒屋。

(三)高度競爭的時代

目前台灣的餐飲業已進入高度競爭的時代，隨著國民所得的增加，而且經濟活動的國際化、職業婦女的加倍成長，以及休閒場所的多樣化等因素，使得餐飲業由單純的提供餐食及飲料的場所，變成到具備各式各樣休閒功能的餐飲服務業。

因此餐飲業者，不能再一成不變的維持傳統的經營方式，必須適當、適時的調整本身的經營管理方針，才能在競爭激烈的餐飲業中有一塊立足之地。

二、經營現況

(一)從業人員招募不易

1.薪資結構不若其他產業：自從股票證劵市場飆漲到12,000點，看在十幾個月年終獎金的份上，許多餐飲業界的同仁，都相繼的投入證劵公司，不管它是否有其前瞻性，這是在民國七十八年左右所發生的事實。

當時有家觀光大飯店的人事部，在中國時報以及聯合報刊載人事招募廣告全台版連續三天，花費了新台幣十一萬元，為了招募十位左右的餐廳服務員，而來應徵人數正好十位，其中的五位面試者只聽到薪資，就沒有禮貌的，頭也不回的就

走了。這家飯店的人事部同仁，對剩下的五位應徵者，只要他們同意飯店所提供的薪水，全部照單全收，不管他們是否適合餐飲服務業。但是，三個月不到，這五位新進從業人員有三位任職未滿試用期就離職了，另外的兩位也在進入飯店半年不到就相繼的離職。這種情景，在近十年來的餐飲業界屢見不鮮。

2.外界的刻板印象：由於目前社會結構變遷的影響，使餐飲業者非常難找到足夠的人力，尤其是服務人員與廚師。除了上述的因素外，社會對餐飲業從業人員的刻板印象，總是覺得這個行業並非值得向朋友或家人顯耀的。

記得在多年前，某飯店的餐廳出納在該飯店的大廳酒吧當班，時值晚上十一點左右，突然，有一位客人就站在她的面前，她抬頭一看，原來是她的父親。這位已經有點灰髮的父親，環顧一下四周，再低頭看看他的女兒，沈默了數秒之後，終於開口向她說：「聽說酒吧很危險，我們回去吧。」從這個例子，就可以想像，台灣餐飲業的從業人員在人們中的印象與地位。

3.薪資待遇不佳：餐飲業的員工會感到預期的薪資與實際薪資有所落差。因為一般餐廳的營業時間是配合人們的用餐時間，所以大部分的餐廳都是提供午餐與晚餐，而餐廳的從業人員，包括外場與內場，必須從早上十點上班到晚上十點，幾乎工作十二個小時。雖然忙碌的時段，是在中午十二點到下午兩點，以及晚上六點到九點，中間的空閒時間，也不知如何運用，因此，員工總是覺得上了整整十二小時的班，卻只拿八小時的薪資。這就是餐飲界的所謂「兩頭班」，這是事實，也是餐飲業的常態。另外，旅館業的餐廳出納或櫃檯出納輪夜班，不能固定在一間餐廳當班是必然的也是常態的。

(二)員工數量的不足

台灣的高職餐飲科，以及大學的相關科系如觀光系或餐旅系的畢業生，只有10%左右會到餐飲業或旅館業求職上班。因此教育部應該要好好檢討問題的所在。這種情形，應當不只發生在餐旅系或觀光系，其他的科系也可能同樣的學非所用。

再加上，由於餐飲業每天三餐的生意落差很大，為了應付尖峰時段的需求，只好雇用大量的兼職員工，以求對人事費用之降低。

(三)從業人員素質偏低

歷來人們總是認為，餐廳無論是廚房或是外場的服務，都不需要太多的學歷基礎，也因此餐飲的從業人員的教育程度也相對的偏低。而且一般餐飲業的規模都很小，從業人員所作的事均為操作性的工作，很少有長期規劃性的，因此其人力的需求就偏向勞動性的人力，而被歸納為勞力密集的產業。

(四)員工流動率過大

不知何時，台灣流行一句話：「台灣的錢已經淹腳目了。」從那時起，許多人的價值觀改變，尤其是年輕人，根本不曉得何謂敬業。受工會、勞基法以及勞工意識抬頭的影響下，員工所要求的報酬節節升高，相對的資方的負擔也越來越重，營業利益也就越來越少，因此無法提供適當的薪資來吸引人才。在這種惡性循環之下，員工的流動率當然居高不下，影響所及，餐飲業的從業人員年資相對的都非常的短。

(五)交通日益惡化

不像東京或新加坡，政府並沒有一套對小客車的管制，在無限量的增加情況下，每到上下班的時間，或遇到下雨天，台北市的各條幹道，幾乎都像大型的停車場，寸步難行。另外停車位及停車場的短缺，更是交通惡化的間接因素。任何一間餐廳只要沒有停車的場所，根本無法作生意，尤其是有酒席、宴會的餐廳。併排停車是交通惡化的另一個惡夢，原本有三線道的幹道，併排停車的結果，不塞車也難了。

(六)餐廳定位與顧客群的不明確

顧客不容易掌握是目前餐飲業的大難題，一方面是因爲社會變遷太過迅速，消費習慣改變了，勤儉的觀念也不如往昔，人們對於餐廳風格的喜好經常的改變。因此過去許多知名的餐廳，門庭若市的景像，曾幾何時已經換了招牌。還有，國內的餐廳大部分缺乏行銷規劃與企業管理的觀念，所以不容易釐清餐廳定位，也因此不容易掌握顧客了。

在台北市中山北路有一家餐廳，開業了幾年，定位一直搖擺不定，開幕時是單點的正宗義大利餐廳，隔了不久，改變成複合式的餐廳，有單點也有自助餐甚至有自助式的早餐，然後，又增加「B.B.Q」，最近又改回全面的單點，生意自然是一落千丈。這樣的經營方式，如同股市的上下激烈震盪，股友當然保持觀望的態度不敢進場。因爲消費者已經不曉得這間餐廳的業種與業態的定位了。

(七)店面取得不易

自從股市熱絡，房地產狂飆，當然房租也跟著上揚。最近許多公司行號西進的結果，房租有下跌的趨勢，但是與以前相比較仍然是偏高的。雖然房租或房價上漲，但是餐飲業並不能相同比率的提高營業額，導致原本經營不善的業者紛紛轉手另尋他途。

(八)電腦化未能普及

面對餐飲業人力素質的低落，流動率過高，而且招募從業人員又困難的情況下，導入自動化的電腦是解決上述問題的可行性方式之一，但是，國內餐飲業卻普遍呈現電腦化程度不足的困境，其原因是：

1. 規模太小。
2. 資金不足。
3. 業者認爲沒有必要。
4. 同業合作的意願低、標準未能統一。
5. 兼具餐飲業及電腦化專業知識的人才缺乏。
6. 政府的獎勵不足。

(九)標準化程度難徹底

所謂餐廳的標準化，包括店面布置的標準化；從業人員服務的標準化；材料規格的標準化；採購、驗收、準備、烹調的標準化以及各種行政作業的標準化等。標準化是現代餐廳經營是否成功的重要關鍵，然而國內的業者，常常忽視此點，以致產品及服務的品質難以互相的對稱。例如許多餐廳常有的問題是，同一道義大利麵，每一次去吃都不同的品質或不同的味道，或者服務的順序也不一樣。

(十)服務及餐飲品質難以認定

餐飲業所提供的產品良窳，乃是根據消費者使用後的主觀來認定的，並非經營者或是主廚認爲好吃就是「好吃」，這就是現代行銷所謂的「消費者趨向」。

而同樣的餐飲服務人員提供的服務，以及餐廳的氣氛與感覺，也會因爲消費者本身預期的不同，而會有不同的評價。所以，餐飲業的服務及品質，應當隨著大多數消費者的喜好改進，甚至根據這些資訊，編製一套餐廳的標準作業流程，每隔一段時日依照客人的反應去作修正與改善，那麼這個餐廳會讓消費者認爲是一間有管理有品味，甚至於是有人情味的餐廳，因爲這間餐廳尊重了客人的意見，而能夠反應及實踐在行動上。

第三節　台灣餐飲業目前的消費趨勢

一、自助餐非常的盛行

在三十年前，希爾頓大飯店(現改爲台北凱撒大飯店)二樓咖啡廳，就開始經營一個價錢吃到飽的自助餐，每客新台幣一百二十元，但是當時還是鮮少的消費者會去大飯店吃飯。不過近年來自助餐大行其道，因爲可以滿足消費者撿便宜的心態，由於非常受市場上的歡迎，因此不止中餐有自助餐，甚至西餐、火鍋、日本料理等都仿效其營運模式。

二、外食人口的比率升高

外食市場的急遽擴大，乃是婦女就業增加的結果，所以餐飲業的營業量也隨之增加。其中需求量被列爲最多的，首推西式的速食，當然最近中式速食也不容忽視，還有的就是提供全家人用餐的家庭式餐廳。

三、對於品質的要求提高

對於各種餐食，上一代的消費者基本上要求是只要可以溫飽；然而目前的年輕一代的消費者，他們懂得價格與價值的關係，再加上餐飲業在競爭過程中，爲了求新求變，品質上的提升，已經成爲必然的趨勢。亦造就消費者對用餐品質的要求越來越高，已不只是物美價廉就可以讓他們滿足，還會要求衛生、營養以及服務等方面的高水準品質。

四、健康飲食的注重

國民所得提高，經常的大魚大肉，使得許多人不是過度的肥胖，就是膽固醇或三酸甘油脂太高，可能導致動脈硬化；經過媒體的報導，消費者漸漸的重視食物中的熱量、脂肪、添加物等含量。敏銳的餐飲業者，因應這股重視健康的風潮，也推出了各式各樣的健康食品，包括低熱量、低膽固醇、低脂肪所謂的高纖食品，來滿足消費者的需求。

五、追求餐食中的氣氛

新的美食主義者，不同於傳統的老饕，只是注重食物的本身；新的美食主義者，反而比較著重進餐時的氣氛，因此已經有經濟基礎的五十及六十年代的這一批消費者，對於個性化的主題餐廳就深感興趣。如TGI FRIDAY’S或HARD ROCK餐廳均屬之。

第四節　台灣餐飲業未來的發展趨勢

一、外賣食品業將快速成長

外賣食品的風潮在台灣行之有年，便當即是最好的例子。台灣有位企業界名人「張克東」，乃是芝麻集團的董事長，旗下有石門芝麻酒店、台北芝麻酒店、台北芝麻百貨公司，也就是現在的中興百貨公司，在他的集團破產之後，又東山再起，靠的就是，把便當企業經營。他看準了外食人口急速的增加，外賣食品的成長空間，也一定會成正比例的增加。由此可見，目前台灣便當市場每年營業額至少在30到40億之間，因此，包括全家及7-11等便利商店也在搶食這塊大餅。

因爲外賣不用賣場，也就是不用高昂租金的店面，另外也可以節省消費者外出用餐的時間，尤其在民國九十二年的夏天，室外氣溫高達攝氏38度。因此腦筋靈活的餐飲業者，在房價高漲、交通擁擠的雙重壓力下，終於給他們闖出一條生路。

但是，在國內如果要全力經營外賣的業務，仍然有一些困難點，主要的是人力短缺以及交通擁塞兩大問題。長期以來，餐飲業的人力短缺確實非常嚴重，另外在交通上，台北一公里的路程，可能需要20至30分鐘的車程，以致於運送的成本偏高。

二、西式的速食業仍將占有一席之地

自從民國七十三年麥當勞進入台灣餐飲市場之後，西式的速食業就陸續的登陸，鯨吞蠶食了台灣的餐飲市場，然而直到民國七十七年之後，在財務上才算是眞正的轉虧爲盈。往後的幾年，由於競爭的激烈以及西式速食已經進入成熟期，所以成長有限，因此它們透過大量的廣告來增加業績，也透過不斷的開立新店來刺激業績的成長。根據統計在民國七十九年，西式速食業的廣告費用，比前年增加了百分之三十以上。但是，西式的速食業，也隨著消費者的意見、口味、潮流不斷的在改變，例如麥當勞在台灣也出現了中式的速食商品，雖然口味並非很道地，但是能夠改變，願意改變就有希望。

三、團體伙食的市場將持續成長

團體伙食可以依照對象的不同區分爲四類：

1.學校的團體伙食。

2.公司的團體伙食。

3.醫院的團體伙食。

4.其他社會福利機關的團體伙食。

在日本，團體伙食的營業額幾乎占了整個餐飲業的15%左右。如果國內的餐飲業市場有新台幣1,000億，那麼按照日本的占有比率計算，則應該有150億左右，依照目前台灣的營業量，的確還有很大的發揮空間。

四、連鎖店的經營方式將會擴展神速

獨立餐廳的經營有其先天上的困難，例如它沒有多餘的資金去作系列的廣告、行銷；也因爲獨立餐廳的營業量少，進貨量相對的少，因此原物料的進貨成本就無法獲得較低的價格。所以想要解決以上的難題，連鎖店的加盟，或是創造一個品牌讓別人來加盟，是一般獨立餐廳可選擇的路途之一種。最近幾年，國內透過連鎖化經營的餐飲業包括有美式餐廳的龐德羅莎、清涼飲料的葵可立、餃子館的四海遊龍、牛排館的王品牛排，以及以海鮮爲主的海霸王餐廳等，其目的如下所列：

1.提高在市場上的知名度。

2.聯合採購，降低成本。

3.員工訓練，可以達到標準化的作業流程。

4.聯合廣告，可以由眾多的分店分攤廣告促銷費用。

五、專賣店的經營方式

由於餐廳林立，競爭激烈，想要在餐飲業界爭有一席之地，的確非常的不容易。因此強調銷售單一特殊菜色的專賣店就因運而生，例如台北市仁愛路有一家德國豬腳專賣店。

六、 企業化的經營

希望使小餐廳，得以脫胎換骨的關鍵，就是企業化的經營，也就是從餐廳的規劃、設計、施工、開幕，到食材的採購、驗收、入庫、領料、烹調以及財務和銷售等一連串的改革與標準化管理，如此可以提高人才的投入及提高經營水準，更重要的是，可以穩定改善品質。很多餐廳沒有企業化經營管理的觀念，一直以為廚師是一流的，提供的各式菜餚一定是最好吃的。但是他們忘記了，現代的服務業尤其是餐飲業更需要去體會「消費者」的需求，所以菜單的分析，顧客意見的檢討等動作，對一間小型獨立餐廳而言，就是企業化經營的最基本且是最實際的行動。

七、國際化的經營

如同三十年前一樣，許多出口貿商，有了出口實績後，就代理了外國名牌的商品進口販賣，利潤非常的豐厚。因此，目前也有一些非餐飲業但是有意願參與的投資者，就引進了國外知名的餐飲，加入台灣餐飲戰場。可能是用合資的名義，或則是用技術合作的方式，總而言之，在台灣資金充裕的情況下，這種趨勢似乎還在延續。

然而無論是以合資的方式或是用技術合作的方式，來引進國外的餐飲，一定要注意權利金的問題，如果沒有事先的仔細計算損益，那麼簽約後才發現權利金太高，那經營起來就會非常的辛苦。

如有一位投資者引進肯德基，約定權利金是營業額的4%，幾年下來的財務報表，發現未扣除權利金前的稅前淨利只有5%，豈不是辛苦付諸流水，所得的利潤80%都送給了肯德基總公司了。

八、標準化的經營

餐飲業的產品以及服務的品質，固然並沒有一定的精確數據所支持的標準，但是許多在歐美或日本等國家的連鎖飯店或餐廳都致力於，盡量以數字的方式來建立品質、服務與管理的標準。

餐飲業的標準，包括了原物料的標準化、食物處理流程的標準化、店面裝潢的標準化，從業人員服務作業的標準化，以及各種行政管理作業流程的標準化。標準化的目的在於：

1.菜色品質穩定，可以降低顧客的抱怨和不確定感，所以能夠提高顧客對餐廳的信心，以及提高公司的商譽。

2.有利於食品與飲料的成本控制，進而降低成本，並且達到稽查管理的效果。

3.要想自動化，標準化是必要的條件。

4.可增加員工及顧客對餐廳的認同感。

5.有利於從業人員的招募，因爲標準化的結果，使各職位的工作職掌得於明確化、具體化，可以很容易找出工作的重複性，如此，從業人員可以非常清楚的知道工作範圍和工作流程。非但可以有利於人才的招募，而且服務品質亦不受人員流動的影響。

總而言之，餐廳的標準化，最重要的就是建立標準作業程序，也就是我們所熟悉的「SOP」，然後加強相關人員的訓練，並且定期檢討標準作業流程，以便能夠與消費者的潮流並進。

餐飲業的經營環境和以往已經有很大的不同，在競爭激烈市場中想要有立足之地不是一件容易的事情，堅持採取傳統的「家業」經營者，在現代化的潮流衝擊下，很可能便爲現實所淘汰。

因此積極導入標準化，實施現代化的管理，盡量學會深入了解本身的財務報表，以便能夠達到餐廳永續經營的兩大條件：

1.只要有交易，應當收的如何能夠全部收到。

2.合理的成本控制。

一般的餐廳，只要能夠實踐以上這兩點，剩下的難關都應當能夠一一克服。因爲食物成本及人事成本，是餐廳的兩大成本項目，約占所有餐廳費用的70至80％。如果這兩項可以合理的、有效地控制，餐廳不一定會賺大錢，但是，至少不會虧本。所謂「控制」是控制在事情尚未發生的時候，而不是事後才說「早知道」，這個道理，請各位讀者能深入的體會。

問題與討論

1.試述餐飲業的特性。

2.試述台灣餐飲業的經營現況。

3.試述台灣餐飲業目前的消費趨勢。

4.試述台灣餐飲業未來的發展趨勢。

第二章 餐旅業成本

第一節　成本的定義

餐旅業是服務業的一種，它和製造業迴然不同，製造業強調的是「生產導向」，而旅館業強調的是「消費導向」。

一、成本定義

(一)製造業產品

製造業產品的成本內容，包括：

1.直接原料。

2.間接原料。

3.直接人工。

4.間接人工。

5.製造費用。

(二)餐旅館業

目前的大專院校商學院的許多科系都有開設「成本會計」這一門課，只要上過這門課的同學都認爲，也都知道成本所包括的項目有上述的五項。

然而在旅館業，大家所謂的「成本」，通常只是在指那道菜的「原物料」而已，並沒有包括其他的項目，如製造費用、直接人工、間接人工、間接材料等。

並非旅館業喜歡獨樹一格，而以「直接材料」來當作成本，而是它有不得已的苦衷，在本章，將有詳細的說明，在此先讓我們從旅館的商品談起。

旅館的商品繁多，大概可以歸類為：

1.客房。
2.餐飲：包括中餐廳、西餐廳、日本餐廳、義大利餐廳、酒吧、咖啡廳、宴會廳、鐵板燒、法國餐廳等。
3.其他營業部門：包括電話、傳眞、洗衣、付費電視、按摩、停車場、三溫暖、雜貨店等。
4.其他收入：包括商店街租金、下游廠商收入。

上面的四大項，客房及餐廳占了將近90%的營業量，因此在本章，就以這兩項商品當作討論的中心。

二、成本與費用

「客房」是沒有成本的。任何讀者突然聽到這種論調一定覺得太不可思議，「客房收入」怎會沒有成本呢？只因為，客房的房客只是承租了飯店客房的空間使用權。他們不會，也不可能將客房帶回去。

「客房收入」雖然如上所述，不會有成本的發生，但是，隨著客房收入的產生，一些消耗性的營業費用也會因而產生。如肥皂、衛生紙、洗髮精，以及床單、被單、枕頭套、浴巾、毛巾等的水洗費用。

從上面的這兩段論述，可以得到一點結論，「成本」與「費用」定義上是不同的。對一家旅館或餐廳來講，購買海鮮及肉類是準備烹調並且販賣給客人的，這些「生鮮食品」就會變成這家旅館某餐廳的「食品成本」。而如果這家旅館購買的肥皂是提供給房客洗澡用的，就會變成這家旅館的客房「用品費用」了。

上述的例子，說明了「成本」與「費用」的區別。而這裡的成本，就是買賣業的銷售成本。它簡單的公式如下：

期初存貨＋進貨－期末存貨＝銷貨成本

從這個公式中，可以了解到買賣業中「成本」與「存貨」的關係。也印證上述的例子中所謂的，只要這個東西，買進來是爲了銷售，這件物品在銷售之後就會變成這間旅館的「成本」，而不是變成「費用」。

三、直接材料與成本的關係

誠如上述，飯店的營業收入，客房及餐飲占了90%，而在台灣各觀光大飯店中，食品與飲料收入的比率約爲8：1。也就是，食品收入有8萬元時，飲料收入約爲一萬元。在這樣懸殊比率情況下，本章的重點，就著重於食品成本的部分來說明。

爲何在餐飲業界談到「成本」，只是指「直接材料」？餐飲業不只是服務業、買賣業，亦是製造業，理論上而言，每一道菜與製造業一樣，亦應當分擔廚師的人事費用，以及瓦斯、水、電等的製造費用。

但是，製造業是「少樣多量」，而餐飲業則是「多樣少量」。並有製造業一般都是「生產導向」，只要經過公司行銷部門的下列步驟：

1.市場調查。

2.可行性分析。

3.研究發展。

4.試用或試吃。

5.消費者的反應。

在這些步驟進行的同時，只要消費者的反應還差強人意，製造業的決策者就將會決定何時開始生產，而一定是大量的生產，才可能降低「產品單位成本」。同樣的，能夠大量生產，才能大量採購，而且由於它的規格是統一，因此相同規格的材料可以大量的向上游的廠商訂購，進而得到較低的進貨價格。

然而，餐飲業一般都是「消費導向」。任何一家旅館或餐廳，會隨著消費者的「建議、抱怨」不斷的改變餐廳的服務品質以及「菜單的品目」，而不可能一年四季都是使用相同的「菜單」。因此，如果將廚師的人事費用以及水、電、瓦斯等製造費用分攤到每一種菜色，則短期內餐廳可能會取得每一道菜的「單位製造成本」，但是，長期來看，當每一季或每半年改變菜單品目時所有的分攤基礎就必須重新改變。另外，製造費用中的水、電、瓦斯費用它是不穩定的，也就是，不會隨著營業收入的高低而成「正比」的高低，因爲這些「能源成本」，絕對不會因生意清淡，就把電燈關掉或把瓦斯母火也關掉。餐廳的「能源成本」有高低，是由於天氣的關係，夏天時「能源成本」一定升高，冬天時「能源成本」就會下降，任何一位餐飲業或旅館業的經營者都了解這種趨勢，所以將「製造費用」分攤到菜單上的每一道品項是非常不合乎常理的。

再者，不只是台灣，全世界各地的餐飲從業人員之流動率都非常的高。因此，如果每一道菜都試著去分攤「直接人工，及間接人工」的人事成本的話，每一道菜的「標準成本」勢必經常的改變，甚至於讓決策者無所適從。

基於以上的這些敘述，我們大概就能夠了解，爲何餐旅業「成本」的定義只是用「直接材料」來表示。

第二節　餐廳食品成本率

了解了餐旅業成本的定義之後，需要知道的是，每一家餐廳的「食品成本率」到底是多少才是「合理」。

首先要計算「食品成本」百分比，必須注意下列幾點：

1. 食品成本百分比，是用食品成本除於食品收入。
2. 食品收入的定義，是不包含營業稅及服務費。
3. 食品收入的定義，當然也不包含開瓶費收入或最低消費額收入。

由於餐廳業種與業態的不同，不只菜單有所不同，連同餐廳的色調、氣氛、裝潢、設備亦有所不同，所以處於「在商言商」的基礎下，每一業種餐廳所能承受的食品成本百分比就會有所不同。茲依照餐廳業種與業態來說明各種餐廳的食品成本合理百分比。

一、一般單點的餐廳

包括中式餐廳中的廣東菜、湖南菜、江浙菜、北京菜、四川菜等以及日本餐廳、法式餐廳。從業界所得到的資料顯示，一家營運五年以上的單點餐廳，他們的食品成本率都是在36%左右，但是，並非此家餐廳的菜單中每一道菜的食品成本百分比都剛好是36%，而是有高有低，透過加權計算的結果得出其平均的食品成本百分大約在36%。也就是說，在其他的營業費用合理的控制下，這樣的食品成本百分比36%餐廳還是有盈餘。

二、一般的咖啡廳

包括國際觀光大飯店的咖啡廳或是一般的咖啡廳如西雅圖咖啡等以及一般比較大眾化的西餐廳。它們的食品成本百分比率，依據長期的資料顯示，大約在26%是一個正常值。

爲何咖啡廳和上述的單點中餐廳、日本餐廳或法國餐廳的食品成本率會相差將近10%。其中最大的原因是，在咖啡廳的菜單項目中咖啡和茶所占的銷售比率相當的重，而咖啡及茶的食品成本率又偏低的關係，在加權的因素下，咖啡廳的食品成本率才會只有26%左右。

接下來的問題是，到底咖啡及茶是屬於食品收入或是屬於飲料收入。一般人總是認爲，兩者皆屬於飲料收入，而非食品收入，因此一旦咖啡與茶是屬於飲料收入，那麼咖啡廳的食品成本率則和一般單點的中餐廳等則相差無幾了。

但是，在國際旅館或餐廳，他們對於咖啡或茶都將其列爲食品收入，在會計原則「一致性」的基礎下，原則我們也同意將其放置在食品收入項目之下。

另外，從另一個角度來看，國際各個飯店或餐廳將咖啡或茶列爲「食品收入」，乃是因爲當初購買進來的咖啡豆以及茶葉是屬於「食品存貨」，經過我們加工之後，才變了客人所享用的咖啡以及茶。

還有，新鮮柳橙汁，在國際上的各個觀光飯店或餐廳也是列爲「食品收入」，因爲最初買進來時是柳丁，它是食品存貨，經過加工之後，才變爲提供給客人飲用的「新鮮柳橙汁」。

引用上述的這些理論，同理可證，如果餐廳或飯店買進來的咖啡、茶或柳橙汁是已經加工過的罐裝咖啡、茶或柳橙汁，那麼會計上的處理，當然會列爲飲料存貨，相同的，銷售時，也會以「飲料收入」來入帳。

因此，結論爲任何食品存貨，經過我們加工之後，變爲飲料出售者，它們仍然屬於「食品收入」。

三、義大利餐廳

在國內，正統的義大利餐廳並不多見，雖然他們的菜單中，也提供有咖啡或茶及新鮮果汁，但是不像一般咖啡般占的分量重；披薩及義大利麵是其特色，透過低成本的麵粉作出多樣化的料理，是義大利餐廳能夠在國內立足的一大力量，也因此，依據統計資料，其食品成本率和咖啡不相上下，大約在26%左右，來來大飯店地下一樓的義大利廳，約十年左右，它們的食品成本率都保持在22%左右，的確非常的難得。

四、 自助餐廳

在國內自助餐的盛行，理論上來講應當是民國七十八年以後的事情，當時股票指數曾經達到歷史新高的一萬兩千點，許多餐飲業和旅館業的同仁，皆相繼轉業到證券公司上班。餐飲業的服務生離職率突然高漲的結果，招募新員工也變得相對的困難，正規的餐廳採用臨時工變成非常的普遍。於是服務品質下降已經變成不爭的事實，而爲了因應這種社會的變遷與潮流，餐廳大量使用臨時工的情況下，餐廳的業態由單點改爲「自助餐」變成一種趨勢，各種餐廳都標明的NT$299或NT$399吃到飽。甚至國內各國際觀光大飯店也都推出豪華自助餐，每餐從NT$800到1,200不等，頗有盛名的凱悅大飯店日本餐廳，也順著潮流改爲自助餐，每客NT$1,000，外加10%的服務費。在這樣的條件下，仍然幾乎天天爆滿。

由於讓客人自取自用是自助餐的特色，所以食品成本比一般單點的餐廳高乃是當然的，但是到底多少百分比的成本率才爲合理呢？根據統計分析，國內各大小自助餐廳的食品成本率平均大約是在44％左右。

雖然開設自助餐廳可以解決員工招募的困難。其實，並不見得每一家餐廳都適合開設自助餐。其因素有下列幾點：

1.餐廳的座位數很少：只有60個座位左右，如果再扣掉自助餐檯所占的面積，可能會只剩下40位不到的座位，這樣子的量是不夠規模量的。

2.餐廳的面積夠大，但是地點不對：生意只有集中在某些時段，如中午或晚上，或只有在星期假日或周末。在這種情況下，生意清淡時，可能生意就只有剩下兩成左右，那麼這種情況下的食品成本率將會上升到無法想像的地步。至少它的每月平均食品成本率一定高達50％以上。

基於上述的原因，就可以聯想到，為何每當有些顧客要訂自助餐時，餐廳的經理一定會再三的叮嚀顧客，至少要保證多少客數以上，餐廳才有可能接辨這筆生意。

第三節　食品成本的認定

以買賣業而言，買賣業的銷貨成本，其公式是：期初存貨加進貨減期末存貨。而餐飲業就似乎比較複雜，因為它買進來的是材料必須還要經過處理與調理才會提供給消費者享用。因此有一些業者，包括某國際觀光大飯在內，每月月底一定由廚師盤點廚房冷凍冷藏庫的原物料，再將這些金額由財務部已計算出來的食品成本中扣除，得出他們所認定的食品成本。這些餐廳所持的理由，乃是，這些在廚房冷凍冷藏庫的食品材料還未出售，所以就不能視其爲食品的銷售成本。

但是，國際大飯店或連鎖餐廳，關於食品成本的認定方式，有不同的觀點。認爲只要一旦原物料經由驗收或經由倉庫進入了廚房，就算還未出售給消費者，仍然必須被認定爲「食品成本」。從三十年前開始的台北希爾頓大飯店（今改爲台北凱撒大飯店），就是採用這種食品成本的認定方式。直至今日，大部分的飯店與餐廳也都採用了這種方式，理由如下：

一、盤點的因素

(一)半成品過磅困難

生鮮原物料以及南北什貨既然已經領到廚房並且已經被處理成爲半成品，其原來的外貌以及重量幾乎完全的變質和不同。要再過磅一次，談何容易。

(二)空間窄小

一般廚房內的冷凍冷藏庫最多只有兩坪左右大小，再加上四周的棚架，剩下的空間實在有限。

(三)光線不夠

冷凍冷藏庫內不可能有似驗收區的良好光線，盤點時的記錄與查看極其不易。

(四)盤點人員容易生病

冷凍冷藏庫內外的溫度差異非常的大，盤點人員長時間在內的確有問題。

(五)原物料容易腐敗

盤點必須耗時，因此長時間冷凍冷藏庫的大門沒有關上，溫度一定上升將造成原物料的腐敗。

(六)盤點者

如果月底廚房的原物料需要盤點，也是由廚師們來盤點，這就有點像「球員兼裁判」。因此，如果由非廚房的從業人員來盤點，似乎也違反了餐廳品質管理問題，也就是說，廚師以外的從業人員不應也不得進出廚房，以確實保持廚房的衛生安全問題。

二、存貨的特性

我們都知道期末存貨低估會令食品成本高估，當然就會使損益低估。相反地，期初存貨低估也同樣會使食品成本低估，當然就會使損益高估。而本期的期末存貨就是下期的期初存貨的關係，因此兩期的成本與損益會自動的沖平。

基於這特性，在長期來看，就算還未出售的原物料是在廚房的冷凍冷藏庫，不用去盤點，甚至於也不作回轉成本的分錄，也不會影響到這個餐廳的食品成本的。

三、控制食品成本

如果廚師們知道，只要進入廚房的原物就已經被計算成爲成本，他們就不會隨便的屯積原物料在廚房內。每日叫貨會比較小心謹慎，也不會隨便去大倉庫領取南北什貨。如此廚房內的原物料的周轉率會升高，東西會新鮮，烹調後的菜餚會更受客人歡迎。

第四節　標準食物成本的計算

所謂的「標準食物成本」，就是指食物在標準而且理想狀況下的成本，它是評估實際食品成本是否合理的基本而且有效的參考資料。如果標準的食品成本與實際的食品成本有任何差異，並且差異是超過1%以上時，就應該調查並研究其所發生的差異原因或理由。茲將標準物成本的計算步驟說明如下：

1.經由標準食譜來計算每一道菜的標準食品成本的金額。

2.每一道菜去乘以實際售出的份數，再乘以每份菜式食材原料的標準成本，便可以得出已售出食物的標準食品成本的總數。

3.實際售出的份數乘以菜單上所標示的售價，便可以得出實際銷售的金額。

4.將標準食物成本的總額去除以食物銷售總金額，再乘上100%，就是爲標準食品成本的百分比。

但是，爲了能夠執行上述的計算作業流程，必須具有下列的一些資料：

1.菜單上所有菜式所售出的詳細營業收入分析表。

2.菜單上所有菜式的「標準食譜卡」

3.製作菜單上的所有菜式的食品材料的平均單價，以前是用「先進先出法」來計算，但是，自從餐廳電腦化之後，都已經改成用「加權移動平均法」來計算。

4.由標準食譜卡中可以得出每一道菜的標準食物成本。

然而，由於生鮮食品材料是很容易變質與腐敗，其數量上的損耗幾乎是不可避免的，所以，一般來講，餐廳的實際食品成本，總是高於標準食品成本。但是，如果實際的食品成本與標準的食品成

本之間差異實在太大了，就表示相關的單位以及相關的人員沒有盡到食品成本管制的標準。例如食材遭竊盜，或者是製作出來的菜餚過多，以致於賣不掉，所造成的浪費。

問題與討論

1.試述餐旅業與製造業針對「成本」的看法有何不同。

2.試述餐飲業的成本與費用有何不同。

3.為何餐旅業的食品成本只是在指它的「直接材料」。

4.試述各類餐廳的食品成本百分比率。

5.試述食品成本的認定。

第三章 食品成本的控制

第一節　食品成本

在前面的章節已經談到三個主要的重點：

1. 餐廳的食品成本所指的就只有「直接材料」，例如，某家餐廳所出售的牛肉麵，它的成本，指的是牛肉與麵以及一些調味料而已。
2. 根據業態與業種，其合理食品成本百分比：
   (1) 單點的中餐廳、日本餐廳或法國餐廳大約是36%。
   (2) 咖啡廳大約是26%。
   (3) 義大利餐廳大約是26%。
   (4) 自助餐廳大約是44%。
3. 只要生鮮的原物料買進到廚房，或南北什貨被領到廚房，均被視爲已銷售的「食品成本」。

有了上述這些數據、理論與假設，因此一家餐廳的食品成本政策，當每月實際的食品成本由財務部或成本控制課計算出來時，就應當和同業的、上述的這些合理與標準的數據作比較。「別家能爲何我們不能」是我們去作比較的目的。

在餐廳的財務報表中，所有的成本與費用項目中，其中負擔最大的兩個項目就是「成本」與「人事費用」。在正常情況下，成本比人事費用的金額還大，因此只要能多花一點時間在這兩項作深入的探討，就應該能夠有所收穫，而且它的效益可能是等比的效果。例如一家餐廳其稅後淨利的目標爲5%。也就是，每銷售10,000元希望的投資報酬爲500元，此時其節省食品成本每1%，就相當於增加20%的營業額。處於目前這種高度競爭的餐飲業，想要增加20%

的營業額是非常困難的。

也由於「成本控制」的效益有這麼大的「槓桿效果」，因此每一家餐廳與飯店都非常重視每月對於「成本控制」的分析。就算是只有1%到2%的差異。

第二節　食品成本控制的要素

一、菜單

菜單方面應當從下列六點來說明：

1.新鮮度的著重。

2.刺激食慾。

3.菜色充實。

4.出菜必須迅速。

5.必須考慮季節性。

6.重視市場的調查。

二、採購

要探討採購與成本的關係，應當考慮下列幾點：

1.盡量以OPEN PURCHASE ORDER（大量採購）爲原則，以避免採購過量。

2.廚師所習慣與喜好選用的菜類問題。廚師的習慣與喜好並無不妥，但是，重要的是，廚師有推薦與選擇菜類的權力，但是不應當有採購的權力。

3.請購單位與採購單位應該保持良好的溝通。

三、驗收

爲了要防止驗收單位在「成本」上產生弊病，可採用下列三點：

1.驗收單的設立

採取連續號碼控制，設計餐廳本身的「驗收單」一式四聯：

(1)第一聯：給廠商。代替廠商的送貨單。對帳時請廠商依餐廳給予的驗收單來對帳。

(2)第二聯：給財務部作應付帳款傳票用。財務部付與廠商的貨款是以驗收單爲依據，而非以發票爲付款的依據。

(3)第三聯：給採購部，讓採購部人員知道他所叫的那些貨品已經進來了，或是這批貨的規格或是數量與採購單上是不合的，後續的動作請採購部緊接著處理。

(4)第四聯：留在驗收單位，作爲以後備查之用。

爲了每日與財務部的會計課應付帳款組對帳，驗收人員應將每日所有的驗收單金額加總，與應付帳款核對，爲了對帳的方便以及避免驗收單的遺失，驗收單的「連續號碼」之設制是必需的。

在後續的章節我們更會深入探討，如何利用「連續號碼控制法」來控制我們所開出給廠商的支票是否完全正確。

2.聯合驗收：聯合驗收的目的如下所述：

(1)單一窗口制：希望徹底執行驗收的所謂「單一窗口」，讓廠商送貨完畢之後就離開現場，不希望廠商再進入廚房之類的情事發生，以免瓜田李下之嫌。

(2)請購者、採購者與驗收者共同驗收：希望請購者、採購者與驗收者一起在現場，如此就可以馬上解決一些事後意見不一的情事。例如，規格不對，廚師所要的草蝦是

24尾一斤，廠商送來的竟然是30尾一斤，如果廚師在場就可以馬上告訴廠商規格不對了，所以要求馬上更改規格。或者，例如今天中餐廳有五十桌婚宴，其中有一道菜是龍蝦，每桌一隻，但是廠商竟然只有送來三十隻，如果請購、採購人員均在場，這麼嚴重的事情，就馬上會要求廠商立刻補上不足的數額，否則當天晚上的婚宴就有可能開「天窗」了。

(3)保持物品的新鮮：生鮮的原物料容易腐敗，如果能夠作到聯合驗收，則驗收完畢廚師會立刻把貨品送進廚房冷凍冷藏庫儲存，以保持物品的新鮮。

(4)解決單位設定上的困難：例如廚師請購兩隻黑骨雞，但是驗收單上列的單位是公斤，因此廚師如果不在驗收現場，就有可能產生誤會，甚至於無法驗收的情事會發生。

3.度量衡：決定驗收的合格與否，磅秤是否標準是非常重要的一項，如果餐廳的驗收單位其磅秤不對了，而且總是超重，一般來說廠商是不會有所反應及抱怨，反而樂得多收一點款項，當然這就是成本增高的一項明顯證據。相反的，如果磅秤不正確是重量不夠，例如本來是10公斤，到了驗收單位一秤只有9.9公斤，一或兩次廠商可能會誤認爲是自己的錯誤，但是日子久了一定會抱怨的。不管是那一方面的失誤，對於廠商的信用與成本的控制都會有所影響。

因此一般的飯店或餐廳，應該每月請「度量衡公會」派員來公司檢查驗收的設備是否合乎標準。依照以往的經驗，度量衡公會的收費並不高昂，十多年前，來來大飯店請度量衡公會派員來檢查，每月的收費約爲新台幣1,000元。如果，度量衡公會很忙無法派員來檢查，則可以直接到度量衡公會的辦公處所，向他們購買一種用來測量磅秤之標準的工具「法碼」，定期請驗收人員或飯店的稽核人員來檢查他們的磅秤。

這個「度量衡」動作的執行，對於餐廳或飯店成本的控制有非常大的影響，切記，一定要徹底的執行。

四、儲存

如果探討儲存與成本的關係，勢必要先了解一家餐廳或旅館對於存貨應當放置在哪些適當的倉庫，以便保持和管理它們的品質與數量。而且動線也非常的重要，最好能夠靠近驗收以及廚房。

以來來大飯店爲例，他們的驗收是在地下二樓，後面就是飯店的大冷凍冷藏庫以及飲料倉庫，旁邊就是中央廚房，動線非常的良好，如此對於成本的控制有相對的良好作用。另外，有關冷凍冷藏庫設置應該注意的要點，在後面的章節將會有詳細的探討。

食品以及飲料的儲存，並沒有規定或限制一定是在冷藏下進行。有些食品及飲料是放置在常溫中，但是亦必須有些儲存上應注意的事項，同樣會在後面的章節中說明。

五、發放

原物料的儲存目的，是爲了能夠提供現場銷售及廚房烹調不致於斷貨的準備。但是，發放原物料時，對於領料者與發料者都必須有一套嚴格的規定和流程，否則會發生一些無法理解的錯誤，導致「成本」的增高。而在領料這階段的內部控制管理，最爲重要的一個步驟是「簽字樣章」的規定，後續的章節將會詳細的說明與舉例。

另外，提及儲存與發放時，絕對不能忘記「盤點」這個動作，盤點有分「永續盤點」與「實際盤點」。盤點的目的與意義，以及盤點之後，必須有那些後續的動作，亦將在後面的章節中作深入的說明。

六、準備

原物料從倉庫領出到烹調這個階段，通常必需經過「準備」這一關卡，任何一家餐廳或飯店，都會將廚房的設置分成污染區與非污染區。所謂污染區爲從驗收進入廚房，將生鮮的原物料修剪、削皮、切片、去骨等的動作，就是所謂廚房烹調前的「準備」。這個階段對食品成本的控制來講也是非常重要的，常常會因從業人員的不用心，或是不熟悉，或是根本不知如何取得，以致於可用的原物會變得較少。也就是爲什麼，將這一個階段當作食品成本增高原因來探討的道理。

一般的大飯店，以往都設置「中央廚房」，最主要工作職掌就是替所有的餐廳預先準備要進入烹調前的可用之材料。

因此，如果每一家餐廳的廚師，買進來的原物料都已經事先處理，無需再作原物料的「準備」動作時，似乎已經可以免除這個「準備」的過程。但是，在商言商，當廚師們所指定的材料都是已經處理過時，進貨成本當然會比較貴，而到底貴到多少百分比，是老闆所能接受的，將是後面的章節所要探討的重點。

七、調理

當提到「調理」這個階段，就一定會連想到「標準食譜」。沒有標準食譜就無法討論調理中的缺失，例如，是否調理不得要領、是否準備過量，像這一類的情事，必須建立在餐廳「菜單」上的每一道項目都有「標準食譜」。作爲一位經營者，才能去作公允的判斷，然後才斷定及認為，食品成本的增高，是其中的那一個原因。

一間餐廳的料理好吃與否，是取決於消費者的評斷，而不是老闆或是主廚的個人觀感，但是成本的高低則與消費者的喜好與否則沒有太大的關係，「標準食譜」有無才是真正的關鍵。

另外，廚房作業管理也是影響食品成本的因素。廚房作業的管理是相當繁瑣而且辛苦，是外人無法領會的辛苦。由於，廚房烹調食物時，會產生高溫；材料清洗時會產生污水；結束營業時必須每日清洗地板，任何一個動作的疏忽，將會導致髒亂，而成為病媒孳生的溫床。所以廚房作業管理是否符合乎安全與衛生，和「食品成本」息息相關，當然亦關係著顧客的身心健康。因此將會在後面的章節深入的討論「廚房作業管理」對食品成本的影響。

八、服務

一家餐廳生意的好或壞，除了菜色是否道地，口味是否合宜之外，餐廳軟、硬體方面的服務情況也非常的重要。例如某一家餐廳有一道非常值得推崇的「佛跳牆」，但是貴賓室離廚房有一段距離，為了保持菜的熱度，就必須在服務的過程中，另外多作一些保溫設備的措施，以免讓慕名而來的顧客不致於失望。

所以在餐廳的「服務」這一個階段過程，針對食品成本的相關影響，「服務品質改善」將扮演一個串連的角色，如果餐廳能夠接受消費者的抱怨，並且積極的針對問題去作改善，大部分會抱怨的消費者，應當都會成為這一家餐廳的常客，並且還會替餐廳免費的宣傳。

有很多人認為，「服務品質的改善」是需要投入很多的金錢，但是，不見得所有的服務品質改善都需要經費的。例如說，當一位常客來過多次之後，餐廳的經理應當知道他的喜好與習性，如果還必須顧客的一再叮嚀，則這位顧客可能就會到別家餐廳用餐了。

服務好，生意自然就會蒸蒸日上，這是所謂的良性循環，營業量提高的結果，成本自然就會下降，因為採購量上升的關係。

所以，在本書有關「服務」的部分，將會把重點放在「服務品質改善」與食品成本增高的關係上作討論與說明。

九、推銷

推銷是食品成本控制的最後一個關卡，也是另外一個循環的開始。多數的餐廳的菜單會隨著季節的變化而改變，也會跟著銷售的好壞去作保留與更改，越是受消費者的歡迎的菜色，越會在餐廳的菜單上占有最顯著的地位。甚至經常由服務生大力的推銷。

推銷與食品成本增高的重點是在「點菜單」的控制。因為如果一家餐廳不能作到「只要有交易，應當收的，應當全部收到」，餐廳的成本就會增高。例如，一家餐廳一碗牛肉麵賣100元，每一碗的成本是36元，也就是它的食品成本比率是36%。如果今天這一家餐廳賣了100碗牛肉麵，理應收10,000元，但是由於內部控制管理有問題，只有收到9,000元，但是，材料上的發費仍然是100碗，所以食品成本還是3,600元，因此它的食品成本就由標準的36%增高變成為40%。

所以在本書也將會提到，如何利用和透過「點菜單」的流程與規定，來達成餐廳經營者夢寐以求的「只要有交易，應當收的，應當全部收到」，並且了解如何利用「點菜單」來突破營業的瓶頸，這也與成本控制有直接的關係。

問題與討論

1.試述餐廳食品成本控制的九大重點。

2.基本上，菜單的製作，應該考慮的六方面爲何。

3.要探討採購與成本的關係時，應該注意那幾點。

4.試述驗收單爲何需要一式四聯。

5.試述點菜單與食品成本增高原因的關係。

第四章 菜　單

菜單代表一家餐廳的業態與業種，也代表了這家餐廳的層次與水平，餐廳可以告訴消費者，提供的菜色以及價格。

嚴格來講，菜單絕對不只是表達餐廳的菜色及價格，藉由「菜單」，不僅僅可以將經營者的理念，餐廳的風格、及特色傳達給顧客，更能引起消費者消費的動機。

雖然餐飲業講究的是「多樣少量」，不像製造業講求的是「少樣多量」，但是放眼現今的各行各樣，每一企業的每一種產品，無不致力設計製作精良的DM（目錄），來提升產品的形象，以刺激及吸引消費者的購買慾。對餐廳而言，無非就是希望菜單能夠商品化。

第一節　菜單的呈現與組合

一、菜單的呈現方式

(一)傳統方式

一家餐廳如何將希望提供給顧客的菜餚及飲料適當的傳達。在傳統上，市面上的各小吃店，只是簡單的在攤位上頭掛些木牌或燈籠，上面用毛筆書寫著「炒麵、炒米粉、魯肉飯、青菜、豆腐、滷蛋」等菜式。還有的，則是用各種顏色的字條書寫，然後貼在牆上，比較高級一點的餐廳，則用書冊的方式將菜單的內容印刷在內頁上，好厚的一本，其中還分幾大類，例如海鮮類、肉類、點心、蔬菜、湯類、水果、飲料等，內容項目，幾乎有上百種之多。

(二)現代方式

1.平面：大約是十多年前開始，有些餐廳的菜單，開始利用照片來表達它的菜式，這是一種傳統上的突破，因為透過消費者的抱怨以及自己的感覺，單純的菜單字眼，往往不能讓消費者安心及了解，他所點的菜式中是否是他所想像的，否則點來後，並非他所想要的菜餚，豈不是浪費了金錢及時間。

在國內的餐飲市場，日本餐廳占有其中一席之地，以前喜歡日本料理的人士大都是受過日本教育的，目前已經是阿公、阿婆的，但是目前喜歡日本料理的消費者，已經有年輕的趨勢，只是喜歡是一回事，會不會點日本料理又是一回事。怪不得台北凱悅大飯店的日本餐廳營業型態改成自助餐之後大發利市，幾乎每天每餐客滿，印證了上述的事實。

因此在十多年前的來來大飯店日本餐廳「桃山」，有鑑於此，於是大膽的利用照片的方式來設計菜單，之後得到許多意料不到的佳評，甚至於日本廚師的招牌菜，以往許多消費者都不太敢點的，也能夠透過照片的表述，漸受消費者認可與歡迎。

2.立體：另外，廣式的飲茶，亦是一種菜單另類的表現它除了菜單之外，並且用推車將點心或其他拼盤類推到消費者的面前，不僅減少消費者對菜單上的疑慮，更能夠增添顧客點菜的樂趣。對國外人士而言似乎是很新鮮的一件事，而且很實際，就像外國人看待日本料理一樣，為什麼國外人士享用日本壽司喜歡坐在壽司檯的前面，他可以面對面的看到壽司師傅以熟練的技巧在製作壽司，因此，消費者除了能夠安心的享用之外，還能感受到師傅那種待客的熱情。

還有，日本東京新宿車站旁非常流行的火車壽司，是將產品利用玩具火車繞著桌子來回的旋轉以便服務客人。

這種將菜單由平面化變成立體的巧思及效果，達到了以往菜單無法突的窘境。以生動活潑的方式，來表現及傳達菜式的訊息，達到吸引消費者上門惠顧的目的。

二、菜單的組合

菜單的組合隨著餐廳的地點、規模、層次、水平等，而可以分成下列的方式：

(一)以原始材料區分

例如，分爲海鮮類、肉類、拼盤類、蔬菜類、湯類、飲料等。一些中型以上的中餐廳大部分都是採用這種菜式的組合。

(二)以出菜順序區分

例如，分爲前菜類、冷盤類、主菜類、點心類、咖啡或紅茶。西餐廳的菜單菜式組合幾乎用這種方式。但是如果中餐使用中菜西吃的方式，菜單組合也通常使用種方式。例如來來大飯店的湘菜廳的菜單組合就是典型的西餐方式。

(三)以烹調方式區分

例如，用炸的、用燒烤的、用煎的、用炒的、用蒸煮的以及湯類。這種組合方式的菜單大概在日本料理的餐廳比較上用得多。

(四)以定額的價錢區分

例如，一桌8,000元、10,000元或是12,000元。這種菜單的組合方式，通常用在有較大空間舉辦婚宴、謝師宴、尾牙等方便顧客的選擇的宴會廳或中餐廳。

(五)以道數的方式來分

例如，三菜一湯兩人份的。四菜一湯四人份的。五菜一湯六人份的。在一般簡便的餐廳之客飯時常使用這種方式訂定菜單。

然而對餐飲業的經營者來講，到底那一種的菜單組合方式比較好，並沒有一定的結論。

在商言商以及成敗論英雄的基本論調之下，只要讓客人看起來「簡單、明瞭、清楚、易懂」應該就是成功的組合了。

第二節　菜單定價的技巧

在製作菜單時最困難的工作之一，就是如何訂定菜單上各種菜式的價格，因爲菜單的價格訂定，代表著這家餐廳的水平及層次，也直接影響到餐廳的「成本」、及生存。

最理想的情況是，能夠訂定出的價格是對餐廳所企望的客層是合理，可以接受的，而且餐廳本身亦有利潤可圖的。談到餐廳的淨利，很不幸的，一般都只能在每月結帳之後才能得知是否賺錢。何況餐廳淨利的產生，影響的因素，不是只有訂價，除了每一道菜式的準備動作及複雜程度不一樣之外，人事費用的負擔、裝潢、設備的影響亦非常的大。

一、依餐廳定位定價

決定餐廳的菜單價格策略時，最先應該考慮的就是餐廳的定位。根據餐廳的定位採用下列的方法來作決定：

(一)市價法

這種訂價的方法是，與其他相同規模的餐廳之訂價相互的比較，再加上本身餐廳的獨特的風格，作一些稍微的調整，這種訂價的方法原則上比較不會製造或發生價格戰而導致獲利上的降低。這種定價的方式是比較穩定的，在短期內這是可行的方法之一，但是長期來講仍然應當隨著市價的波動而作調整。另外在成本的控制方面，經營者多數是後知後覺的，必須要等到報表出來了，才知道餐廳的成本是否異乎尋常。

(二)直覺法

這種訂價方法雖然最不科學，但也是最常用也是最常見於各種小型的餐廳，根據市場可以接受的程度，經營者只要認爲他們所定的價格是合理，就是正確的。這種方法當然沒有任何的優點可言，同時在憑直覺訂定價格時並沒有考慮到成本的問題，是這種訂價法中最大的缺點。

(三)競爭法

這種訂價的方法，與「市價法」有點相似，是根據同類型而且規模、水平、客源方向相同的餐廳，去作特定的百分比的「下降幅度」來定價。例如希望在校園附近開設一家餐廳，這家餐廳經營者就根據其他同類型、同規模的餐廳定價，每項菜單約略少了10元左右，來搶占市場，然後待餐廳站穩腳步之後，再視情況調升價格。

(四)嘗試法

這種訂價的方法，是先設定部分的菜單上的價格，其他的部分則是根據上述的一些市價法的訂價，然後隨著市場上的反應，每過一季或相當的時間再作修正。這種訂價的方式，看起來非常的保守，而且它缺點是，可能會在價格測試階段造成顧客的混淆。

(五)高價策略

這種訂價的方法，是希望能夠區隔市場，因此，餐廳開幕就將定價訂得比競爭對手更高，當然也強調他們的服務品質不管是硬體或是軟體，都會讓顧客覺得物超所值。不過這種方式有其風險性，如果廣告與實際有很大的落差的話，只能做一次生意，甚至於有些顧客還會替這間餐廳惡性宣傳。因此，如果想用這種方法訂價的話，必須非常的謹慎。

(六)百分比法

這種定價方法，是餐廳將菜單上的項目，訂在食品成本的某個百分比。例如餐廳菜單的定價是食品成本的百分之兩百五十，也就是餐廳的食品成本是銷售收入的40%，目前這訂價的方法，較爲大型餐廳或是國際觀光大飯店所採用。此訂價方式的優點是先知道成本才制定菜單的定價，如此的成本比較容易控制；缺點是在競爭這麼激烈的市場中，比較會忽略市場的因素，而缺乏了競爭性。

(七)主要成本法

這種定價的方法，是同時考慮「食物的材料成本」，並且亦考慮到廚房的「人事費用」。將預估每小時廚房的人事成本，乘上該道菜可能需要的製造時間，然後加上原料成本及毛利。這此定價的方式似乎很有道理，但是實際上的作業，對於不同菜色的烹調時間的計算是相當的複雜；更何況萬一廚師換人，或則菜單隨著季節作更換時，豈不是成本的計算也必須緊跟變換，那將是非常不合理，也非常不合乎經濟效益的。

二、短期的定價策略

價格的確是可以改善企業獲利的工具，不過要如何在獲利與價格之間尋找出一個平衡點，是業者最大的困難處。例如餐廳可以利用降價搶占市場，但是如果售價降到一個程度上時，可能就無法吸收銷售所會發生的成本與費用，這時可能利潤就不增反減了。

長期性來看，價格是由市場上的供給與需求來作決定的，而當價格是爲了市場的競爭而建立的同時，必須是依據整個企業的長期財務目標而訂，也就是我們在經營上必須要有永續經營的假定。

但是，除了長期定價策略，旅館業也同時必須有短期的「訂價策略」，以便在激烈的市場競爭中占到一些優勢。這些短期的「訂價策略」如以下所列舉的各點：

1.周年慶，提供特別的促銷價。
2.對於同業在短期的價格中所作的改變，也作適度的因應措施。
3.在淡季時要評估運用多少折扣，能夠吸引顧客上門。
4.即將有新的同業進入市場，必須調整菜單的價格。
5.了解對於新推出的業務推廣項目，必須贈送或打到多少折扣，同時還有利潤可言。
6.重新裝潢過的餐廳，必須把售價提高多少才可能將投入的設備費用回收。
7.希望調整售價來達到市場的區隔。
8.在材料上增加內容的同時，應該將價格提高多少才能獲得相同的利潤。

三、與生財器皿的搭配

除了菜餚的口感與美感外，生財器皿的擺飾包括「瓷器、玻璃器、銀器以及布巾類等」，近年來也逐漸的受到重視。日本料理就是最典型的例子，用非常精巧或非常“Q”的器皿來包裝及襯托食材，又不失去原本傳統的感覺，「色、香、味」俱全。日本料理，往往不用精美細緻的瓷器而用具有傳統色調的陶器，來強調日本料理的「存古風、留美味」。以下我們也可略舉一些在市場上常見的例子：

(一)砂鍋

在中餐裡頭，「砂鍋魚頭」是在冬季最受歡迎的一道菜式。「三杯雞、三杯小卷」也是用砂鍋才顯現出它的特色。

(二)鐵板

在西餐的菜單中，常常可看見名爲叫「鐵板牛柳」的餐品，即是用鐵板當作器皿。

(三)盅

來來大飯店的「佛跳牆」就是用盅來襯托它的美味「熱」，每當顧客點用「佛跳牆」時，最樂意的瞬間，就是掀開盅蓋的當時，那股撲鼻的香氣。

(四)食材本身

例如，中餐的冬瓜盅或是香瓜盅，就是利用食材的本身作爲器皿，讓消費者有耳目一新的感覺。

(五)竹筒

烏來的竹筒飯就是烏來的代表作，可惜用意及點子雖然均爲上乘，但是其產品本身好壞相差很大，是它的最大缺點。

(六)展示用的盤子

在正式的西餐或則是目前流行的中菜西吃，在顧客還沒有用餐的時候，面前會擺置一個非常精緻的盤子，它不是當作骨盤來用，只是表示這家餐廳在美食上還配合了精美的器皿，讓消費者享受美食之餘更倍受尊重的感覺。

(七)冰雕

利用冰塊雕成小小的盤子來裝「生魚片」。來來大飯店的桃山日本料理餐廳就是用這種方式來提高消費者的興趣，並希望下一次或下一季有什麼新點子。

第三節　菜單的管理

一、菜單開發的方式

上述的章節已經提過，菜單是表示這家餐廳的業態與業種，也表示這家餐廳的層次與水平。每一道菜當然是主廚的精典之作，但是，對於不適當或銷售次數很少的菜式，經過分析及檢討後，應該以快刀斬亂麻的方式斷然加以淘汰，而把分析及檢討後的報告留存下來，作爲以後編製新菜單時之用，俗語說「失敗爲成功之母」，所以這些檢討及分析可能會是以後餐廳的生命線。

由於會淘汰一些菜式，因此新菜的開發也益形重要，一般餐廳對於新菜的開發可以利用下列的方式：

(一)選用新的食材

自從台灣進入WTO之後，兩岸三地的貨物交流更加頻繁，許多以前買不到或是必須用非正常的管道才能取得的食材，都可以變成以後餐廳內的主要食材，而吸引更多的顧客。像以前來來大飯店的江淅餐廳，就是利用竹笙以及哈氏膜，創造了新菜單，也打開知名度。

(二)嘗試新的吃法

如中餐西吃，也就是食材及烹調的方法都是純中式的，但是服務的方式及用餐的方式是採用西式的。這樣除了讓顧客有新鮮感之外，也讓消費者能眞正的享受到正統西餐的高尚品質服務。來來大飯店的湘園餐廳就是一間正統的中餐廳，但是用餐方式完完全全使用了正統法國餐廳的服務流程。包括了餐具及所有的器皿，以及所謂的“SHOW PLATE”（桌上擺設用的盤子）。來來大飯店推出這間中菜西吃的餐廳，曾經名震一時，並且締造連續四年每年業績增加一千萬元的紀錄。

(三)舊菜新吃

推出符合時令的菜式，讓消費者有感覺得到、看得到、吃得到。雖然是舊菜，但是由於食材是當令的，不但貨源充足，新鮮而便宜。例如濕冷天氣，火鍋就大行其道，而且當店家推出火鍋的這個菜式，一定會讓消費者聯想到又要過年，就像有些餐廳在冬至時一定會在之前的一個星期，讓消費者吃「湯圓」表示一家團圓。

其實，新菜式的開發在中國餐廳烹飪的發展史上占有非常重要的地位，並且以廣東菜爲代表。香港處在中西文化的交流地點，再加上地小人稠，競爭非常的激烈，如果不作調整，不求新求變可能就無法生存。這也是爲什麼台灣五十年來許多的中餐廳沒落了，僅有廣東菜一支獨秀。例如川菜，四、五十年前非常的流行，因爲國民政府遷台，許多大後方的學生也跟著來台，他們習慣了川菜，也想念川菜，因此當時的川菜餐廳林立，著名的有重慶南路的「竹林川菜館」、敦化南路的「榮星川菜館」，現在幾乎全部凋零，目前大概只剩下國賓大飯店12樓的川菜廳，還替川菜保留一點命脈。

江浙菜也跟川菜一樣，由於思鄉，於是有心人就開了餐館，二十多年前的一品隨園餐廳，就是這樣開始的。它是來來大飯店隨園餐廳的前身，來用餐的很多是政府官員，包括作者在內也第一次嘗試吃了生的用醋泡的螃蟹，很有特色，這一道小吃，如今在上海大小餐廳都可以吃得到，但是也是隨著歲月的流轉，包括來來大飯的隨園，亦都成了過去的名詞了。

但是，廣東菜則不然，四十及五十年代就有其地位，而隨著國民所得的增加，結婚酒席都在大餐廳或大飯店舉行，而採用的幾乎都是廣東菜。

另外，風行一時的「滿漢全席」以及「宮庭料理」，也均是經由廣東菜所研發出來的。

(四)新的烹調法

將原來菜式的作法加以改變，例如墨魚麵、炭烤海鮮、生蠔、還有引用藥材的藥膳等都是普遍受到消費者的喜愛。

(五)利用各式的盛具

有些餐廳就使用一些與傳統不同的器皿，來突顯菜式上的風格，甚至於去創造出餐廳自認的新菜式，例如冰雕生魚片、雀巢牛柳、冬瓜盅、海鮮舟、竹籃雞等。

二、開發的原則

就如前面的章節所作的說明，餐廳的菜式絕對不可能每一道菜都可以一年四季都受到消費者的喜愛，基於消費者的口味與品味，的確每一道菜式其實是有其壽命的。因此餐廳新菜單的開發是不可間斷。茲將其開發的原則說明如下：

(一)從生產者導向到消費者導向

由於消費者的消費慾望與品味不斷的提升，刺激者藉由技術革新開發出新的產品，是開發中市場商品暢銷的主要原因。但是步入已經成熟的消費市場，需求開發因為立足於消費者的需求。所以針對消費者的需求，去開發新產品，以提高營業額的成功機率是比較大的。在競爭激烈的餐飲市場，這是一種非常有效的開發方法。

(二)符合潮流的消費趨勢

利用包裝，加以提高菜式的價值，是餐飲業開發新產品的方向。但是，任何透過包裝所產生的附加價值，必須符合時代的潮流以及消費者的需求，那才是正確的方向。

所以，如何掌握時代的變化非常的重要，捕捉「消費者價值觀因時代的改變而產生變化」的同時，加上餐飲業者所應具備的職業敏銳度，才能研發出最適合當今的商品。

例如，隨著農業社會的轉型，進入工商社會的今天，年輕人的教育水準也普遍提高，不論男女，目前進入大學的比例已經超過七成了，因此隨著女性就業人口的增加，家庭用餐的習慣也隨之改變，外食人口激增，專門針對上班族所開發的商業午餐大行其道。包括便利商店的攝氏18度冷便當也插上一腳。另外全家一起上餐廳的比例也逐年增加，因此像餐廳中推出兒童餐，或是家庭式餐廳的，都是爲了抓住時代潮流下消費趨勢的作法。

(三)開發有魅力的商品

要抓住消費者，必須設計、研發出具有魅力的特殊產品，包括特殊的設計、色彩、食用的方式、商品名稱等。開發一些富有感情價值的商品時，也必須注意對象以及目標。例如母親節有媽媽大餐、春節的圍爐大餐、中秋節的團圓大餐、情人節的情人氣氛大餐。當然，並不是適用於每一位消費者，有時候，餐廳爲了想要滿足全部的消費者，結果反而不如預期時，對經營者來講，是一件不小的打擊。所以，這種所謂「開發有魅力的商品」，最重要的事項是，應當要設定特定的目標，滿足那些特定的對象。

(四)善加利用顧客意見調查表

一般新開發設計的商品，需要經過餐廳主管、從業人員以及消費者的試吃意見調查，才足以得到充分的資訊來證明，此項新開發的產品是值得推出。

(五)開發具有「附加價值」的新菜式

所謂的附加價值，就如前面章節所述，是透過包裝所產生的，而這個包裝就是企業透過無形的服務以及有形的菜餚，來創造消費者能夠欣然接受的價值。雖然，這個價值不見得等於價格，但是，一般來說，餐廳所創造的附加價值越大價格當然相對也會提高。

對於中式餐廳來講，可以朝向這個方面加強，似乎比西式的餐廳更有空間。例如強化服務理念、提升服務技巧、美化餐廳的環境、廚藝的精進、新產品的提供等，再加上服務人員發自內心的由衷之微笑、親切的招呼，定能提供給消費者超乎尋常的滿足感。

(六)延長菜式的壽命

一道成功菜式的推出，是一件十分困難的事情，如同製造業所言：「如果這一季所推出的產品十件中有一件是安打，那麼就心滿意足了」。想要提高菜式開發的成功率，就必須本身要擁有一些「歷久不衰」的招牌菜。因此，不斷地捕捉時代的需要，「改良產品」就更顯重要了。「改良產品」並不像開發新產品所花費的龐大人力與物力，而且做得好還能持久，效果也不錯。所以當餐廳開發出一道成功的新菜式之後，切忌任意讓它隨波逐流，草草結束，應當以能「長久銷售」，更能成爲餐廳的「招牌菜」爲目標努力。

三、20　80法則的定義與運用

何謂20／80法則？在餐飲業的經營過程以及採購過程中，如果仔細分析各項商品的營業及訂購，就會很容易的發現，多數的餐廳其菜式中有80%的營業額來自20%的菜式，另外的80%的菜式卻只有創造了20%的業績。多數餐廳採購的食品材料中有80%的採購金額是來自20%的採購項目，而另外的80%的採購項目卻只有占了20%的採購金額。「海鮮」就是最好的例子，雖然只是餐廳食品材料五大類中的一類，但是，它的單位價格高，使用量又大。因此採購金額，幾乎占了整個採購總金額的80%。

因此，上述的20%的營業項目，當然就是餐廳的「招牌菜」，也是該餐廳的命脈。所以當然必須付出較多的時間來細心處理，包括這些菜式所使用的食材之採購、數量、規格、品質、驗收、儲存的環境、貯藏的方法，以及烹調時的標準量、技巧，最後在上菜前的擺飾，甚至於採用的器皿是否適合、美觀等等，爲了避免缺貨所造成「營業機會的損失」，可能也會影響未來顧客光顧餐廳的意願。

對於另外80%的冷門菜式，則應當考慮是否在適當的時機篩選掉，或是變換個新的菜式，以便減少倉庫的庫存積壓，甚至避免食品保存期限的過期而變質或腐敗的可能。

四、菜式淘汰的原則

三十年前，許多傳統的廚師恨不得將所有一切會做的菜餚全部列入菜單，以致於傳統的中餐廳的菜單總是厚厚、油膩膩的一大本。不僅消費者懶得翻，而且連許多菜式中的食材根本由於天候、季節的關係而沒有辦法進貨，這一方面甚至連廚師有都不清楚，這樣的情況下，如何讓消費者會感到滿意？

根據20／80法則，菜單上的菜式有20%最受消費者的喜愛，其營業收入約占總營業額的80%，另外的80%的菜式所創造的營業收入，可能只有占營業額的20%左右。因此經營者必須要定期的檢討那些只創造出20%業績的80%的菜式，加以修正、調整、或就只好淘汰。茲將菜式淘汰的原則說明如下：

(一)季節的因素

有些菜式的食材有一定的產期，過了那個期間，則可能這些食材就變得很少或是跟本就沒有了，因此這一道菜式，當然就必須在換季時被淘汰掉。例如龍蝦，在台灣，每年的十月當東北季風開始吹的時候，漁夫就不出海捉龍蝦了。因此在台灣十月份之後，是吃不到台灣龍蝦的，除非是從澳洲進口的龍蝦。

(二)成本的因素

餐廳的食材的來源很多，尤其是台灣進入WTO之後，許多食材都可以開放進口了。有些品項彼此間的替代性就變成很高，如果採用比較高成本的食品材料，將導致餐廳獲利率的降低，因此經過菜式的食品成本分析之後，將高成本的食材項目找出，再對照其銷售狀況，確認是否繼續使用，或者以代替品來遞補，或者就此淘汰。就如上述的例子「龍蝦」，如果台灣的龍蝦季節已將結束，與其用高成本的台灣龍蝦，還不如使用進口的澳洲龍蝦。

(三)原料的因素

餐飲業的經營，一再強調與消費者的需求有深遠的關係。因此對於主顧所喜愛的「招牌菜」的食品材料，必須力求供貨上的穩定，才能源遠流長。如果原料品質不穩定或是供應的情況不良，例如經常斷貨，或價格飛揚，也應該考慮是否將其淘汰，或是換其他相似、相近的材料，以確保營運上的口碑。墨西哥的鮑魚就是一個好例子，幾年來每年漲價，以至於包括國際觀光大飯店的婚宴酒席皆因供貨有問題，以及成本太高而被捨棄不用了。

(四)節慶的因素

因應節慶如聖誕節、春節等而產生的菜式，由於節慶已經結束，這些菜式當然無人問津，所以必須刪除。

(五)流行的因素

有些菜式有其流行性，例如二十年前，江浙餐廳流行吃黃魚，近年也流行吃大閘蟹，餐廳必須配合加以推出該菜式，等待流行過後，則該菜式或許有時也被淘汰。

五、菜單的設計方向

菜單設計方向，除了應當考慮到菜式的組合、分類、定價之外，還應當考慮到客源、時段以及功能。以前的餐廳，其菜單可能一年四季，或從早到晚都是用同樣一本。但是隨著時代的變化，生活消費水準的提升，餐飲業的經營者，往往會發現原來菜式亦是有壽命的，去年受歡迎的菜色今年不見得受歡迎。而且考慮社會的多元化同時，針對不同消費族群，不同的需求，因此設計不同的菜單就漸漸的被餐廳的經營者所接受了。下列提出一些例子：

1. 時段：通常經營者會先考慮到時段的問題，由於中餐時段用餐比較講究簡便快速，所以可以設計一些客飯或套餐之類的。晚餐則可以在價格上及分量上稍作調整往上一些。

2. 小朋友：速食餐廳會受到小朋友的歡迎，最主要的原因是，速食餐廳注意到小朋友好動及活潑的個性，所以菜單及用餐不會像正式的中、西餐一樣，必須端坐在桌前一道一道菜餚上後用完才可以去玩，當然無法吸引小朋友的到來。

   日本料理有一道菜式叫「親子飯」，似乎有專門給小朋友點餐的用意，但是和速食店比較起來，還是速食店的整套理念與銷售方針是比較具有吸引力。因此一份適合小朋友點用的中式菜單，相信將是小朋友的最愛，也是將來的潮流，最近美國一些餐廳，就相當周全的考慮到適合全家人一同去用餐的特性。

3. 健康飲食：除了上述的小朋友之外，為了能夠符合各種消費者的不同需求，如「高纖、低鹽、低脂肪、低膽固醇」，而且這些需求的消費者為數頗眾，因此為他們設計不同的菜式，未嘗不是餐廳的另外一種生存的契機。

其實目前已經有很多的餐廳其菜單之走向都在標榜「健康的、清爽的」。甚至於結婚喜慶的酒席，其道數可能不減，但是量已經比以往減少了許多，而且較爲也精緻。

第四節　導致食品成本增高的原因

在前面的章節曾經提及菜單應著重在：

1.新鮮度。

2.刺激食慾。

3.菜色充實。

4.迅速。

5.季節性。

6.市場調查。

餐廳的經營者，如果忽略了以上的各點，再漂亮的菜單，對消費者來講都會變得沒有意義了。因此，當任何一道菜式乏人問津的情況下，買進來準備調製的食材，就可能放置過久而變爲不新鮮而不能使用，直接影響餐廳的食品成本。以下藉由不同的角度與不同的例子來探討「爲何菜單會影響食品成本的增高」。

一、菜單設計與食品成本

若菜單設計忽略了下列考量，將會造成食品成本增高。

(一)時間性

時間對於一位消費者而言，有時是很重要的，並非每一位消費者都能悠閒的用餐。例如午餐時刻，任何一位薪水階級者，總是來去匆匆，不可能花費太多的時間在餐廳用餐，希望一坐下來，所點的菜式馬上就上來。在台北市中正區武昌街有一家名爲排骨大王的餐館，只要是上班日，每日中午總是擠滿消費者，聽說一個中午加上外帶，每天可以賣出300客以上，雖然餐館只有區區的70至80座位；深究其原因，只要客人點了任何菜式，不到兩分鐘，一定就可以開動了。這表示老闆能夠領會消費者「飢餓與匆忙」的心理。在日本東京市近郊的觀光勝地「箱根」，有一家小餐廳門口立了一個招牌，上面寫著，「拉麵119秒」，在寒冷的冬季裡，能夠吃上一碗熱騰騰的拉麵，而且只要等上兩分鐘不到，是多麼的吸引那些來去匆匆的觀光客。

(二)季節性

很多餐廳的經營者在制訂、設計菜單時常常犯了一種小毛病，認為本身喜歡吃什麼，就認為所有的消費者也喜歡這道菜，所以其餐廳的菜單上，一年四季總是可以看見這一道「老闆」所津津樂道的菜式。但是，許多原物料是有季節性的，例如龍蝦，在台灣一進入十月「東北季風」開始吹的時節，就幾乎沒有台灣龍蝦可以享用，因為台灣的龍蝦是漁民直接下海用手抓的，十月東北季風開始之後，風強浪大，漁船根本無法出港。因此，消費者如果希望在這種季節裡享用香美的台灣龍蝦，就只好用想像的，或者退而求其次，點用南半球「澳洲」的大龍蝦了，因此成本就增高了。

另外，許多人都知道唐朝的「楊貴妃」非常喜歡吃荔枝，甚至請部屬遠從兩廣用八百里快馬連夜送到，有點類似現在的宅急便，為的是能夠「搶鮮」。餐廳經理鑑於「楊貴妃」的喜好，認為每位顧客都喜歡荔枝，就在菜單上的水果欄列入「新鮮荔枝」。然而，荔枝的生產季節其實很短，只有在每年的五、六、七月才有，到了季節末期，就算想吃也是非常的昂貴。因此季節性對成本的影響可見一斑。

(三)溫度

溫度在菜單上其實扮演著很重要的角色，依據餐廳所經營的業態和業種的不同，客人對菜式的要求會有些許的差異。然而，消費者對菜餚溫度上的要求是幾乎相同的，該冷的要冷得夠透，該熱的要熱得夠嗆，不可像一些牛排館，牛排要熱不熱的，那種微溫牛肉的香味，自然無法讓顧客情不自禁，有馬上想吃的衝動。

餐廳是以「自助餐」的方式經營，只注重健康品味及種類而忽略了熱食的部分，則將失去一些比較喜歡熱食的一群上年紀的客人。以往來來大飯店剛剛推出「沙拉吧」自助餐的時候，許多上了年紀的客人都跟飯店抱怨，「怎麼像在吃草。」

許多台菜餐廳的菜式中有一道叫「佛跳牆」，標榜的不只是熱，而是燙，因為燙才能顯現出香味、香氣。因此「佛跳牆」的器皿通常是用不易散熱的盅。

(四)濕度

食物上所指的濕度並非氣候上的濕度，而是菜式上的多汁。例如江浙菜有一道叫「湯包」，所講究的除了「燙」之外還要皮薄「多汁」，更透過鋪在底層的松針的薰陶，因此吸入口中的湯汁還隱約有一股松針的香味。這就是菜單中所標榜的另一種特色。

其實速食店的一些產品，也常常的把濕度當作賣點。例如標榜著烤雞，除了炸得夠熱夠酥之外還能保持裡面的多汁，不會讓消費者吃得覺得乾乾的。

小孩子為什麼喜歡吃漢堡，就是因為吃到嘴裡，可以感到一股流入口中的肉汁香味。

二、 菜單的製作印刷

菜單的製作印刷，若有下列情形，將會導致食品成本提高。

(一)不夠清晰

有時一些餐廳的經營者，爲了要突出其菜單矇矓美，而忽略了底色與菜單字樣的顏色而沒有形成對比，讓消費者看起來不太舒服也不太對勁。如同到醫院身體檢查時，檢查是否有色盲的圖表，如果不告訴說明要問圖中的數字爲多少，可能還會回答，像披薩，更像海鮮披薩。

在台灣有兩個情人節，一個是西洋的二月十四日，一個是中國的農曆七月七日。在這兩天的晚上，西餐廳總是爆滿，中餐廳馬馬虎虎，那是因爲西餐廳比較注重氣氛，因此當天晚上餐廳的燈光幾乎全部關閉，只剩下每張餐桌上的燭光，在這種浪漫的氣氛下，再配合小提琴的演奏，的確會讓一些希望享受情人節氣氛的情人，盡在不言中。然而，當服務生問顧客要點什麼菜式時，如果這間餐廳的菜單製作印刷是如上所述的不清晰，那麼可苦了一些比較上了年紀又想回味往日情懷的老情侶。服務生可能必須準備打火機或是放大鏡，否則這些顧客連菜單上的菜餚都無法認清，如何點情人節特餐呢？這種情況年年發生，但是許多餐廳還是我行我素，這就是餐廳生意會不好的原因之一。餐廳是服務業也是應當注重消費者趨向的行業，從一點又一次的見證。

(二)菜名艱澀

菜名的設計是一門學問，如同人取名字，有人相信應當配合生辰八字，人的一生才會平順，是否會大富大貴，那又另當別論，但是太相信可能就會淪爲迷信，甚至俗氣。曾經有一則笑話，僅供讀者參考。在醫院的婦產科病房是所有病房中有笑聲的地方，其中有一個二等病房中有兩張病床，甲床的姓吳，乙床的姓陸，兩位產婦閒著無聊就聊了起來，甲床她突然向乙床說：「眞巧我們的名字竟然相同」，不過還是妳比較好，乙床的產婦就問：「怎麼說？」甲床的產婦就說：「因爲妳的名字加上姓，你是六十分，而我只有五十分。」原來是他們的名字都叫作「淑芬」。所以一位叫作吳淑芬，一位叫作陸淑芬。台灣剛光復時，許多當出生的男生，他們的名字的最後一個字都叫什麼「雄」。如「黃武雄」三個用在台灣可能就有好幾百人使用。

所以，菜名就似每一個人的取名，太簡單會覺得太粗俗；太艱澀又怕顧客看不懂，的確是兩難。何謂「艱澀」，例如江浙的菜單就喜歡用，如「鴻圖大展」，時下的年輕人一定不曉得到底賣的是什麼，每一客又是那麼貴，當然會令許多消費者不敢問津。「鴻圖大展」到底是何種食材呢？原來它是在賣魚翅。又如「橫行霸道」可能就比較多的人知道，是在表示這一道菜的食材爲螃蟹。但是到底是什麼樣的螃蟹，是大甲蟹還是紅蟳？菜名艱澀些可能表示經營者的品位與學問，但是太艱澀以致於讓這道菜消費者不敢問津，也非餐廳經營者的本意。

(三)菜名過於誇張

誇張與艱澀似乎有點距離，誇張表示與事實不太相同，甚至會讓消費者有受騙的感覺，而且餐廳會失去這一位顧客之外，可能還會受到「消保會」的糾正。例如在高雄有一家百貨公司裡頭的小咖啡廳，菜單上有多樣的咖啡，其中赫然有一道咖啡的名爲「隨便」。有些顧客因爲咖啡名字特別而嘗試，反正一杯也沒有多少錢，但是大部分的消費者，事後都有被騙的感覺，因爲的確這杯咖啡也煮得太「隨便」了，無法入口，當然沒有顧客會不付款，但是顧客應該不會再度光臨，更可能還會替這家餐廳反宣傳，這樣是得不償失的。

(四)戲劇性

菜名太過戲劇性就會有不實在的感覺，就像過於誇張一樣有些受騙的感覺。例如有家餐廳推出一道新菜叫「恐龍蛋」，許多顧客有些好奇，但是不太敢點，因爲名字叫恐龍蛋眞的可以吃嗎？其實是用泥土包起烤的「乞丐雞」，而不是大一點的鴕鳥蛋或是蛇蛋。是用很小的春雞去作材料，用泥土包起圓圓的就乾脆叫「恐龍蛋」而不叫雞。

另外在台北市有一家泰國餐廳它新推出一道菜，菜名取之於電影「魔鬼帝國」。材料是毒蠍，老闆深怕取名爲「香酥毒蠍」沒人敢點，因此就取用電影的背影主題動物「毒蠍」，但是點菜率怎麼樣則不得而知。

三、菜名設計不當

菜名太過艱澀、太戲劇化、太過誇張都不是好現象，但是太過簡單也會讓顧客覺得好像缺了什麼，「過與不及」都會令菜單失去眞正的所謂「吸引力」。

例如，在許多學校附近總是開了很多的小餐廳，其中有兩家就對著面開設，兩家賣的餐食又幾乎相同，但是其中一家生意很好，一家生意很差。仔細打聽分析的結果，發現菜單似乎是生意好壞的因素之一。其中一家牛肉麵及排骨麵在菜單上就是很單純的寫「牛肉麵」、「排骨麵」；另一家餐廳生意比較好的，菜單就寫著「清燉牛肉麵」、「紅燒牛肉麵」，甚至底下還註明大、中、小三種，依照不同的分量，有不同的價格。這可能就是在菜單設計製作時的必要基礎條件。如果有機會，也應當讓顧客有選擇的機會，不可因爲老闆個人喜歡口味淡的，就以爲大家都跟他一樣都是吃「清燉牛肉麵」。而且也不應該認爲年輕人一定食量大，學校有一半是女生，食量可能較小，所以餐廳菜單，可以讓消費者選擇分量，大、中、小，女性消費者多數會選擇小的，一則是吃不完「暴殄天物」，一則是還可省五塊錢，何樂不爲。菜單的設計與製作的確也必須考量到顧客的「生理與心理」，如此的菜單才是比較實際的菜單。

四、菜單過於單調

除非這家餐廳遠近馳名，就只賣幾道菜，而且一年到頭就是如此的菜單，不敢講市面上這種餐廳不可能存在，但是，大部分的消費者都是喜新厭舊，一有新的餐廳開幕總會去試試看，如果這家餐廳每一季或每半年還不更換菜單，保證顧客會漸漸的流失。更何況菜單呈現給顧客的是如此的單調，單調到沒有什麼好選擇，再不會挑剔的消費者，大概也不可能每月來消費了。

在美國洛杉機的市中心，有一條大道，在大道上有家已經七十年以上的老餐廳，占地非常的大，有兩百多個位子、上百個平面停車位，每天只有營業一餐「晚餐」，每天竟然平均有四百位消費者，晚上常常可以看到餐廳的門口大排長龍，但是沒有一位顧客有抱怨的。可是，餐廳的菜單其菜式只有三種，而且三種都是牛排，每一種有不同的切法，例如英式切法、加州切法、本店切法等。菜單終年不變，變的是來自世界各地慕名而來的消費者。支撐這家餐廳這麼單調菜單的絕對不是一般餐廳所擁有的立地條件或設備。它只是一個單一的，非常特殊的案例。如果讀者有興趣，也可以去品嘗看看，此餐廳值得消費者光顧的地方到底在哪裡。

五、高低成本的菜式之銷售情形不均衡

每家餐廳其成本的高低雖然與其標準食譜設定有絕對的關係，但是，如果這家餐廳經營者所企望的成本百分比率是36%時，並非菜單中的每一道菜式的成本率是36%。由於標準食譜中的原物料也會因爲氣候、季節、溫度等而有所改變，更由於市場上競爭的關係，一些諸如今日特餐、主廚推薦，其成本率也會隨之產生變化。因此餐廳的食品成本率也必須等到月底過後經過結帳計算才能知道是多少。因此，在銷售結構上，如果大部分的客人都是點成本比較

高的商業午餐，或正在促銷的主廚推薦特別單點，則餐廳的食品成本率就會比較高了。

六、沒有盡量促銷低成本的食品

誠如上述，菜單中的每道菜式，其食品成本率不盡相同，有高有低，如何要求服務生去推銷低成本的菜式，其中有一個很重要的關鍵就是，餐廳的服務生都有經過一番嚴格的訓練，並且都被訓練到每一位都能熟記每一道菜的標準食品成本率。那麼在有些客人希望服務人員推薦餐廳的招牌菜時，就可以順便的推薦一些比較低成本的菜式給顧客，如此「加權」的結果，餐廳的食品成本率必定會有下降的空間。

目前各家餐廳的問題在於，並非每家餐廳都有標準食譜的建立，尤其是在中餐廳，甚至於觀光大飯店，也不見得每一間餐廳的主廚都願意配合財務部的「成本控制」中心，提供每一道菜式的眞正標準食譜。以來來大飯店爲例，他們有十多個獨立的餐廳，以爲可以容納100桌以上的大宴會廳，但是多年來，標準食譜只建立在西餐廳方面算是比較健全的；中餐方面都只能約略做到。其中的關鍵是中餐主廚的觀念比較保守，認爲如果把每一道菜式的標準食譜都傾囊傳授，可能經營者就會認爲他的利用價值已經沒有了，就被迫離職。這就是現今的餐飲界，中餐與西餐的主廚在心理層面上比較不同的地方，有些在台灣的西餐外國主廚，除了很高興能有人能傳他的衣缽之外，甚至於希望能夠出書，而能流芳百世。這種觀念在現今的中餐市場，雖然已經在漸漸的改變，但是希望腳步能夠更快速一點，那麼服務生能熟記餐廳每一道菜式的標準食譜食品成本百分比率，就不是只有理論、只有空談了。

七、忽略當季食品材料

菜單的設計及製作不只是在追求華麗與品位，更要去體驗「當令」的食材。不論是海鮮或是肉類，或者蔬菜或是水果，宇宙在創造地球的同時，一年四季當中，總是有些食材與季節有那麼密不可分的關係，而人類也應當適當的去尊重這種地球上的自然定律，才會讓食物的種類與數量上不虞匱乏，也讓人類了解動物與植物在地球上爲了生存，必須在食物鏈的循環當中，都努力尋找各自的生存空間。許多海鮮、水果或蔬菜，總是在每年的某一適當季節裡大放光彩，以便永續的生存。這是餐飲業者必須去了解與深入的地方，當對這些自然的定律有更深入認識的同時，對於菜單的製作與設計，很自然的就會融入每季上市的食品材料。如此既可買到最新鮮的食材，也可以用最便宜的價碼買到平常買不到的原物料，而不會固執於用不是「當令」的食材，讓餐廳的廚師硬去調理顧客喜歡的菜式。

舉例來說，水果就是最好的例子。如果要買便宜新鮮的水果提供給顧客享用，在台灣一、二月時首推柳丁，雖然柳丁一年四季都可以吃到，但是每年的一月前後總是最便宜也是最多汁的。棗子也是在這個季節裡可以吃到的新鮮水果。

台灣南部四、五月蓮霧開始上市，尤其高雄及屏東的「黑珍珠」及「黑鑽石」更是聞名全世界，但是想要享用既甜又便宜的上述珍貴蓮霧，那當然只能搶在每年的四、五、六月分。

「WTO」的進入，雖然讓台灣又進入世界另一個舞台，但是，也令許多農民失業。不過經過這幾年農委會與農民之間的合作，對於農業的高經濟農作物的研究有了驚人的發展，也創造許多奇蹟。這些事實也是餐飲業者必須要認識與探討，當在每年或每季更換菜單的同時，也是一種重要的參考資訊。

八、不當的食品陳設及調配

餐飲業越來越競爭的結果，消費者所要求的已經不是只爲了飢餓，才進館子用餐。由於在台灣許多市中心或學校附近，三、五步就有一間餐廳，因此消費者的要求已經把「色、香、味」俱全當作對每家餐廳的菜式的最基本要求。如同買汽車，以往是騎腳踏車，後來上班之後有了固定收入，就決定買摩托車代步，既方便又省力，日子久了總覺得騎魔托車有時不太方便，例如下雨天，既需要穿雨衣又危險，平時還得呼吸公車的濃煙，所以在經濟許可之下就會去考慮買一部小汽車代步，反正是交通工具，對一位上班族來講，能夠有小汽車開，已經是上天的恩賜，夫復何求。隨著買汽車代步的上班族越來越多的情況下，汽車業也開始有了激烈的競爭，本來是高級車才有的「氣囊」以及「ABS」之配備，目前已經許多國產小汽車的基本配備了。

當人們對於飲食的需求已經超越「溫飽」的同時，餐飲業者也應當研究與探討，如何吸引消費者樂意且主動的前來惠顧該餐廳的菜式。這時任何一道菜式的外觀擺設及調配，就變成非常的重要。日本料理在這方面就特別下功夫，例如生魚片，同樣是生魚肉，但是經過大廚的切工、挑筋、擺置再加上一點蘿蔔絲及少許的鮮綠「山葵」，在一盤兼有「紅、白、綠」三色相間，呈現了生魚片的附加價值，很自然的挑起了消費者的食慾。

近年流行的「自助餐」也有相同的問題，餐廳的業態是「自助餐」，不是只有提供豐富的菜色就能夠吸引眾多的顧客上門，重要的是必須將這些食材用心的、有品位的加以擺置，然後再加上一些鮮花綠葉的裝飾，以及適當的柔和燈光來配合，讓這些食材覺得更顯新鮮更可口，這樣才能更顯示出這種自助餐與員工餐廳有所不同的地方。

九、 菜單價格調整不當

菜單價格調整的時機，不一定只有在想往上調漲時，價格才會調整，有時候也由於市場上的競爭，不得不將一些菜式的價格往下調，以便保持住既有的客源。餐廳的經營仍然脫離不了，營利爲目的的基本論調，所以餐廳面臨經營上的困境或危機時，菜單價格的調整勢在必行，不過需要調高或調低多少消費者還能接受，這才是重點，否則可能適得其反。

例如台北市的北區的一間餐廳，是經營「自助餐」，生意還差強人意，每月還有400萬元的營業收入。對面不遠也開了一家餐廳，經營的也是「自助餐」，每天生意比這家要好，收入多少不得而知，但是，常常爆滿倒是事實。而且一些老顧客也常常去對面的餐廳用餐，因此這間餐廳的經營者，就開始考慮是否需要調整售價以便吸引更多的消費者，至少能夠保有現有的消費人數。從每客700元調整下降爲600元，來刺激就近的市場。經過三個月之後，發現原有的客源是保持住了，但是沒有增加消費人數的關係，因此營業額就直線下滑了一成多，而且食品成本率也上升了。因爲自助餐的特性是，在既定及既有的自助餐台上，將食材擺置到一個可以讓消費者滿意的樣式，是需要有一個基本的供餐人數。例如許多餐廳在尾牙或謝師宴接受自助餐訂餐的時候，總會告訴來訂餐的顧客說：「你們要訂自助餐於我們的宴會廳的話，至少要訂多少客以上，否則本餐廳就無法接受訂宴。」

上述因此，那家自助餐廳調整價格的結果，營業總收入是下降了，但是食品成本的基本數字無法下降的關係，所以食品成本率很自然就上升了。

十、烹調人力和種類分配不周全

菜單的製作與設計會基於業態與業種而有所不同，也會影響到烹調所需的人力及種類。例如這家餐廳是中餐廳的廣東料理，除了主廚之外，必須基於菜單菜式而有基本的幾位得力助手。若菜單中有提供飲茶的點心，要有點心師傅；提供三寶飯、油雞飯、燒鴨飯，要有一位燒烤的師傅；同時也要有師傅負責砧板、負責爐灶，還有基於生意的多寡在，再編製一些適當的從業人員。如果人員無法分配周全，那麼顧客所點的菜式就無法適時的服務，很可能這一道菜以後這些顧客就不再敢點了。

常常發生在一些新幕開的餐廳，顧客所點的菜式，有些很快就送上了，有些等了半小時還是沒有消息，這就是在菜單上沒有對烹調所需的人數和種類作周全調配的原因。

十一、烹調設備數目和種類分配不周全

菜單與烹調所需的設備是同步，是關係非常密切的，「工欲善其事，必先利其器」。如果餐廳提供自製的可口點心，則必需購置有適當大小的烤箱；有提供自製的披薩，就要配置有適度大小的烤爐；有提供香甜可口的現做麵包，那麼麵粉攪拌機就非購置不可了，不可能還叫師傅用手揉麵糰，就可能這位點心師傅清晨三點就必須起床來上班了。另外，如果這家餐廳提供早餐，且是美式早餐時，就必需要購買營業用的烤麵包機，速度才夠快，否則客人早餐都快用完了麵包還沒有送上，而且也需要購買耐用的「切片機」，以便提供美式早餐的火腿。

上述的例子，說明菜單與烹調的設備是這麼的密切，期望良好的服務，適當、耐用的烹調設備是不可或缺的。但是，當菜單有大幅度的改變時，基於廚房面積的有限，可能一些設備就只能考慮丟

棄或當作破銅爛鐵出售。有關這一點，餐飲業的經營者在大幅度的改變菜單方向之前，應當三思熟慮。

問題與討論

1.試述菜單的各種組合。

2.試述菜單價格的訂定方法有那些。

3.試述菜單設計的方向。

4.試述因菜單的設計與管理而導致食品成本增高的原因。

第五章 採　購

如果說菜單是一家餐廳的方向，也代表這家餐廳的層次與水平，那麼「採購」就是緊接在後的必要動作。常常在餐廳裡聽到一個笑話：「可能現在才去買雞，不然爲什麼，我們所點的三杯雞，已經半小時了還沒有上來」。因此，只要這家餐廳一開門營業，登在菜單上的菜式，食材都應該已經購買並準備好在廚房的倉庫。

而採購與成本控制的關係，往往許多非餐飲界的投資者，對於自家餐廳的食品成本比預期來得高時，總是首先聯想到是否廚師與供應廠商勾結，或採購從業人員與供應商勾結，是有這種可能。但是，如果一家餐廳希望建立一套良好的管理制度，那麼制度的本身，應當讓經營者了解，控制應當控制在前而不是控制在後。也就是說，每一次都是發現從業人員作弊之後，才設法彌補或制定內部控制管理的辨法，是爲時以晚的。

因此假設採購或廚師沒有與供應廠商勾結的前提下，仍然還有可能去尋找或建立一套可行的制度，來減低採購成本。然而在提出這套制度之前，應該先了解餐飲業的原物料採購管理的內容與規則。

第一節　採購組織與任務及任用資格

一、組織架構

(一)小型餐廳

餐旅業往往依照其規模的大小，來加以決定採購組織。在一般的小型餐廳，有的是主廚兼採購，有的是老闆兼採購，鮮少有獨立的採購人員。依照餐廳那麼少的營業量，不足以請一位專職的採購人員，但是如果餐廳越開越大，就會開始發現獨立採購的必要性。假設這家餐廳的損益目標爲5%，也就是說每銷售100,000元，必須賺取5,000元的淨利。那麼當採購效益能夠降低食品進貨成本1%時，則相當於可以增加20%的營業額。處於目前這樣高度競爭的餐飲業，想要增加20%的營業收入，眞是談何容易。所以當餐廳的營業量大到一定程度時，很自然的，餐廳的老闆就會想到聘用一位優秀採購從業人員的必要性了。

單一的餐廳或是小型的餐廳，採購的工作如前所述，總是由使用單位來執行。也就是由廚師親自到中央市場，採購他每日所需要的食材。這種採購方式的優點，是機動性高、彈性大、變化也多，而且若能夠配合廚師的研究發展，常常可以推出令人意料不到的而且具有創意的餐點。

而這種採購方式的缺點，首先當然是，採購與使用者合而爲一，將無法講究所謂的「內部控制」中稽核的功能。因此食品成本比較難以控制，而且更容易產生「人爲操守」的問題。

(二) 大型餐飲／觀光大飯店／連鎖餐飲

餐廳是屬於一個連鎖性的餐飲經營型態時，採購部則常常與倉庫保管人員、配送司機等，合併爲一個組織更爲龐大的後勤物料管理部門。它的功能從廠商的選定、貨品的議價、訂貨工作的流程、統一的驗收品管、倉庫的管理、配送服務到提供財務部門完整的單據，以及成本的彙總與運算和分析都是它的工作職掌。

在大型的餐廳或是觀光大飯店，甚至於是連鎖經營的餐飲業，像麥當勞之類的，其採購的工作則由專業採購部門或是專職的採購從業人員來執行。採購從業人員的業務中，最重要的一項就是，他是廚師與供應廠商之間的橋樑，他們將相關的原物料的規格、功能、以及其他相關知識，從供應商手中轉給廚師或相關的使用人員，並將使用單位使用後的成果，效益加以評估及分析，以便作爲下次採購時的基本資訊。

二、採購人員的工作職掌

爲了使餐廳原物料的供應來源不虞匱乏，並且在成本控制、品質規格條件，以及售後服務，獲得最大的效益，則採購人員就必需負起下列的一些工作職掌的責任：

(一)選定供應商

原則上採購對任何貨品的認識，當然有其專業的知識，但是哪家供應商比較好，比較便宜，甚至於售後服務也比別家勤，這方面採購部通常喜歡各個使用部門能夠多多提供一些資訊作爲參考至於最後是否是由這家供應商來提供貨品，則不是推薦者所能決定的。基本上，採購就是替餐廳採購原物料，不論採購的品目是什麼，當然要有「供應的廠商」，選擇一家信用良好、配合度高的供應商，對於非常講究「品質、規格」的餐飲業來講，可以說是非常重要的一項。尤其在目前國內餐飲業的上游供應系統還沒有十分健全的情況下，要求採購品質及規格的標準化，供應商的選擇就更形重要了。

(二)訂購

訂購是採購人員的工作之一，當供應的廠商選定的同時，採購原物料的項目、規格、單位、數量確定之後，餐廳的採購人員就會對供應商發出正式的「採購單」。它是一張簡短的但確是正式的合約，內容包括以下各點：

1.開立日期：註明採購單開立日期。

2.送貨日期：註明採購的物品何時必需送到。

3.必須要寫得非常清楚，否則付款或驗收時會有爭議。

4.數量。

5.單位：例如是隻、個、張等。

6.單價。

7.供應商名稱：開立發票之供應商名稱，通常必須與供應商欄相同。

8.付款條件：例如是到貨付現，或是到貨後三十天，或是到貨後，下個月的二十五日付現。

9.品質。

10.其他。

(三)新產品的開發

餐廳生意日益繁忙，爲了管理上軌道，獨立設置了採購部門，企望它能夠扮演應當的角色，而不是只作爲一位所謂的「採購出納」，任何使用單位叫他們買什麼，他就照單全收，按時幫買到，這樣的出納，作者認爲並非公司的本意。一位優良的採購人員除了應當替公司買到物美價廉的貨品之外，採購人員還應該能夠配合廚房，去尋找新的食材，開發新的菜色，甚至新的設備、新的工具。一位優良的採購從業人員，如果能有效的掌握與餐飲相關產業的潮流與脈動，而積極主動的去發掘新的材料，以因應餐飲經營的所需，將可提高餐廳或飯店的經營績效，以及強化與市場上同業的競爭力。

(四)品質管理的確認與追蹤

在國際觀光大飯店或是大型的餐廳連鎖經營，在組織上如果分工較細，在整個物料的採購、驗收、儲存與領料都有一定的流程與規定，以確保公司所有菜色的衛生與安全。

然而，不論餐廳或旅館的規模大小，以及組織工作的分配如何，一個採購人員對其所採購的各式各樣貨品，從供應廠商手中接到之後的流向與使用情況，加以深入的了解、分析、彙總、存檔這些工作是必要的。

因此，採購工作即是，從貨品交到使用者的手中並經過使用之後才算開始，也由於物品經使用後，才能確認採購者是否盡了其應盡的義務，也能作爲下次採的可靠依據，這就是採購品管工作的精神所在。

(五)成本控制

企業的永續經營，乃有賴企業的營利，必須不斷的努力，不論是在業務的拓展上或是成本的控制上，都是獲取利潤的不二法門。由於採購並非營業單位，能扮演的角色，就是積極的利用各種方法，得到物美價廉的貨品。在餐飲業或是旅館業的累積經驗中，從食材、用品到各種設備的器材，經由採購從業人員所經手的可能超過50%以上，所以在競爭激烈的餐飲業以及旅館業，誰能有效的控制成本，則至少已穩操五成以上的勝算了。

三、採購人員的資格與條件

餐飲業是多樣少量，尤其現代的消費者其口感又特別的敏銳，菜單也隨著季節一直的變動，對採購人員來說餐飲業的採購工作的確非常具有高度的挑戰。所以當旅館或餐廳在挑選採購人員時，應該對他們的條件與資格謹愼的加以考量。以下就是一些採購人員的基本資格與條件：

(一)應該要有良好的操守

並非餐廳或旅館的行業才優先的考慮到採購人員的操守，各行各業都是將操守列爲第一考量的條件。在餐飲業，由於生鮮原料的供應上，因其品質認定上的困難度相當的複雜，而且市場供應在量上的穩定度又不夠，更不易掌握，再加上廚房或使用單位對於使用的時效及鮮度上的迫切要求，使得餐飲採購的外在誘惑與陷阱更甚於其他行業，餐飲業的採購人員必須時時以操守廉潔爲警惕。

(二)應該具備豐富的社會經驗

採購的行爲即爲代表本餐廳或旅館與其他供應廠商進行交易的一項商業之行爲，良好的談判能力、靈敏的反應、豐富的歷練與敏銳的判斷力，每一項都會影響到餐廳採購任何貨品的條件與價格，而這些能力的養成，都必須經由不斷的努力之累積，失敗乃是成功之母，它就是經年累月的社會工作經驗與歷練。

(三)應該要有廣泛的常識與深入的專業知識

由於旅館業所需採購的物品非常的眾多而且複雜，它們所牽涉到的專業層面也比我們一般所想像的來得深入，所以依照目前各大專院校的教育訓練體係中，要去求得這類的人才的確十分的困難，因此亦唯有旅館業本身，自行的長期培養人才，同時現有職位的採購從業人員更應不斷的自我進修，充實專業的知識。

(四)應該要有積極主動的工作態度

旅館業的採購從業人員常常由於請購物品的專業與稀少，在以逸待勞的心態下，常常要求一些比較熟悉的供應廠商代爲尋找，而這一位廠商與旅館所要購買的物品一點關係都沒有。如此情況下，這件物品的規格、品質是否能夠符合使用者的要求就必須非常的小心，而且售後的服務也可能產生問題，當然價格也就無從去作適當的比價。所以一位採購人員，如果能夠積極主動的尋找廠商，並且爭取有利的條件，將可以使採購工作達到事半功倍的效果。

第二節　貨源的管理

一、貨源的選擇

餐飲業或旅館業常常因爲業態與業種的不同，因此在原物料的選擇上有很大的差異，例如中餐、西餐、日本料理、速食店等等。由於所銷售的菜式都不相同，所以所需求的原物料，其規格、品種也都有其特殊的要求。一般而言，貨源可區分爲五大類，就其共通性來加以分析。

(一)生鮮食品類

此類物品包括肉類、海鮮、蔬菜、水果等，除了西式的速食業之外，這些原料爲餐飲業幾乎是每天必需購買的項目，也是餐飲業的採購人員最重要的工作所在。

而生鮮食品類的選擇，除了要注意及把握住採購的三大要素：

1.價格低

2.品質高

3.服務好

此外，更必須注意到市場的脈動、新鮮度的確保，以及供應商有隨時供貨的能力。

(二)冷凍食品類

這一類的物品之品目與生鮮食品類的品目大致相同，但是因爲其貯存的方式不同，因此在供貨的來源上也有所不同。近年來，由於消費者的生活水準逐漸提高，對於吃這方面的品位要求也隨之有所不同，所以對冷凍食品方便性的依賴也相對的提高。三十年前，日本對冷凍食品在各家庭的使用率爲30%，美國已經達到約50%，而台灣僅僅不到5%，而隨著台灣經濟高度的成長，人們的收入相對的增加，婦女加入職場的比率也逐年提高，因此冷凍食品的使用率，目前已經提升至15%至20%左右，而業務用的冷凍食品，在餐廳的使用也普遍被消費者所接受。尤其是西式的速食業，此類物料更爲其食材的大宗。

而冷凍食品的方便性，在於其保存期限的較長，而且都是經過初級的加工。也因爲冷凍食品是已經被加工過的，因此除了就物品本身品質上加以考量之外，對其冷凍食品工廠的生產流程，以及這家工廠對其貯存以及配送的設備與作業流程，都應當加以審慎的評估，以便作爲採購的依據。

(三)南北什貨類

這一類的物料，是指如米、麵粉、糖、鹽、醬油、沙拉油、香料、罐頭、乾的香菇等南北什雜貨。因爲這類物料不是生鮮物料，可以保存之期限也較爲長，並且已經多有所謂的品牌、規格可以依循，例如米，台北希爾頓飯店剛剛開幕時，當時廚師請購米，只能要求是「蓬萊米」或是「再來米」不然就是「糯米」，沒有現在到超市或則是大賣場，可以選購各式各樣的品牌的米，例如「池上米」、「泰國香米」、「池上壽司米」、「上好米」、「長鮮米」等。另外像玉米罐頭，也有所謂的「綠巨人」，所以在貨源的選擇上，可以依照廚師的習慣以及他的需求，再依照一般採購行政處理原則就可以了。

(四)用品類

在各餐廳及各大飯店內所使用的用品，共分爲下列四類：

1.顧客用品：其種類如下：

(1)信封：它是在指放在客房給房客寫信時之用。

(2)信紙：如同上述，是專門提供給房客使用的。

(3)火柴：有的餐廳或飯店，特地訂作火柴，上面有餐廳或飯店的地址、電話號碼。來來大飯店在以往，擁有十六家餐廳，以及705間客房，因此除了客房有設計一種火柴之外，每一間餐廳也設計自己的火柴來贈送客人。

(4)茶包：在觀光大飯店裡，甚至有一些比較高級的賓館，也都有在客房裡放置茶包及咖啡包供客人自己享用。

(5)咖啡包：如同上述。

(6)肥皂：在任何飯店裡，肥皂是最爲基本的顧客用品，依照其規模的大小，以及星級的多寡，肥皀的大小及品質也多少有些不同。例如一般小飯店所提供的肥皀，其重量大約10公克，而觀光大飯店所提供的肥皀，其重量則約爲30公克。目前有些飯店或俱樂部，爲了節省人力以及節省經費，就將肥皀改爲沐浴乳以及洗髮乳。

(7)原子筆：原子筆在餐飲業或旅館業都偶爾提供，尤其是在旅館業的客房，房客特別的需要。

(8)擦鞋布：一般在觀光大飯店的客房內都有準備。目前還有一些更高級的國際觀光大飯店，還有替房客擦皮鞋的特別服務。

(9)紀念品：有些餐廳或大飯店會在周年慶或特殊的日子裡，如情人節等，提供一些比較有紀念性質的小東西給顧客。

(10)備忘紙：在各大飯店的客房裡，床頭櫃上有電話，其旁邊就一定放置有備忘紙以及原子筆。

(11)針線包：比較細心的飯店會準備針線包在客房，尤其是接受日本客人比較多的大飯店。另外民宿、休閒旅館大概都準備有針線包，以備不時之需。

(12) 衣架：任何飯店的客房一定備有衣架，只不過好或不好，鐵絲製品或是木頭製品的區別而已。另外依照規模或是依客房的型態的不同，其數量會有所不同。例如，單人房與雙人房當然衣架的準備數量也會有所不同。有的飯店甚至還會考慮到男與女的衣架不同的準備。

(13) 冰塊：三十年前，在台灣各大飯店客房的冰塊，都是由客房服務人員來提供及服務，但是漸漸的人力資源的問題也困擾了旅館業之後，最近數年來，各大飯店乾脆購置製冰機放置在各樓層，由房客各自提取，以節省人力。

(14) 糖果：許多飯店在夜間作夜床時，會在床上擺上一塊巧克力，向房客問安。

(15) 洗髮精：除了肥皂之外，一般飯店都有提供洗髮精。

(16) 牙籤：餐廳一定有提供牙籤，只不過飯店所提供的牙籤比較細心，會每一根再加以包裝，並且在上面印上飯店或餐廳的名字。

(17) 胸花：在各國際觀光飯店，由於常常舉辦國際會議，或是某某公司周年慶，或是結婚喜宴，每每都必須準備胸花，以應付客人之需要。

2.紙張用品：包括的種類如下：

(1) 餐巾紙：在餐廳，尤其是西餐廳或是咖啡廳，一定備有餐巾紙，代替中餐廳的口布。其實在台灣的餐廳，由於海鮮類的菜式很多，因此都準備有濕的小方巾，但是有鑑於觀光局的不允許使用，所以大部分的餐廳都已經改用濕的「餐巾紙」。

(2) 杯墊：在各大餐廳或各大飯店的餐廳，用餐之前，服務生會先替顧客倒一杯冰水，杯子的底下就墊有一張厚紙板作的杯墊，才不致於冰水杯的外面會產生凝結的水滴，而滴在桌面上。

(3)紙杯：在大型酒會中，常常會使用到。

(4)濾紙：自動咖啡機還不普遍時，都會在各適當的地點現煮咖啡，提供給顧客。如果餐廳目前還是用這種溫馨的服務方式，則必須使咖啡濾紙。

(5)包裝紙：餐廳如果有外帶或是賣一些熟食類的菜餚，或者是賣紅酒等，則必須準備一些包裝紙給顧客外帶時之用。

(6)吸管：消費者點非酒精飲料時，如可樂、汽水等就必須提供吸管。

3.清潔用品：包括的種類如下：

(1)清潔劑：各種功能的清潔劑，例如穩潔、洗碗精。

(2)掃帚：有各種材質，例如塑膠製品。

(3)撢子：有雞毛的或是布的材質。

(4)消毒劑：為了消除蚊子或蟑螂之用，如市面賣的「克蟑」、「噴效」等。

(5)桶子：一般目前都是塑膠製品，如水桶。

(6)拖把：在餐廳或飯店清潔房間、餐廳或公共地區的基本工具。

(7)抹布：亦為餐廳或飯店清潔房間、餐廳或公共地區的基本工具。

(8)簸箕：亦餐廳或飯店清潔房間、餐廳或公共地區的基本工具。

4.酒吧用品：包括的種類如下：

(1)調酒棒：提供給顧客飲用雞尾酒等時之用。

(2)小刀：開紅白酒或香檳酒時之用。

(3)飲料裝飾品：如小櫻桃、小雨傘等。

（4）拔塞鑽：開紅白酒或香檳酒時之用。

這些用品的種類非常的繁雜，有的用量很多，有的用量很少，因此在選擇貨源時，市場上有一種供應商，專門集合一些各類餐廳或大飯店用品的專業公司，可以提供給採購從業人員參考。

當然，採購人員亦可以自行的考量評估餐廳或飯店的規模用量，若達到一定的可觀經濟採購量，也可以考慮直接向上游的廠商採購，以便達到節省成本的目的。

(五)機具設備類

食、衣、住、行隨著科技的發達，許多傳統的行業包括勞力密集的餐飲業以及旅館業，能夠依賴一些性能優良的機器設備來提高產能，並且提高精確度，包括溫度、濕度的準確配合，而可以有效的減低耗損，餐旅業的經營者，應該多認識這些設備的問世，以及多多利用這些設備，然而這一類的採購金額對餐廳來講，的確都非常的高昂，並且購進來後的可使用年限也很長，因此在採購之前，建議應當考量下列幾點：

1.效率：比較與傳統的操作多出多少的功能與效率。

2.耐用度：耐用年限的長短與價格有直接的關係。

3.操作的方便性：這一方面，直接、間接都會影響人力的多寡。

4.安全性：在人力難求的現在，安全性對廚師來講，是一項很重要的項目。

5.售後服務：如果供應商的售後服務不好，甚至很差，消費者寧可向貴一點但售後服務佳的供應商購買。就如目前的家電一樣，許多廠品，把價格壓得很低，但是一旦壞了就愛理不理的。因此購買家電時，許多消費者，寧可多花一點錢買貴一點而可以耐用的，並且售後服務是有目共睹的。

二、貨源品質及成本控制

對於一位採購的從業人員來講，以同樣的價格能夠取得比較高品質的貨品，對餐廳或對旅館來講，是一種貢獻；相同的以較低的價格取得同品質的貨品，也是對公司的成本控制有莫大幫助。

食品成本或是飲料成本的計算是一般餐廳或是飯店財務部的工作與職掌，而食品成本的控制，則爲物料管理部門及相關單位的職掌。另外，食品成本的高低，則爲採購部門將貨品購入後經使用單位使用完成後的績效表現。

食品成本的多少，可以從下列的「存貨差異」、「產能追蹤」、「丟棄管理」等三方面的數據計算得知：

(一)存貨差異的控制

當某一物料，購入時與銷售時的計算單位相同時，這一個特定的物料經由每天的進貨計算，再與盤存的資料相互的比較，就能得知其差異的數字。例如土司麵包買進來時以條來計算，賣出去時也以條來計算。其計算公式如下：

存貨差異＝期初存貨＋進貨－期末存貨－售出數量

如果要控制好存貨的差異，那麼最佳的方法就是，透過準確的盤點、依標準食譜正確的生產、以及確實的銷售記錄。

(二)產能控制

這種方式是一般餐飲業及旅館業針對食材成本控制的主要方法之一。當原物料購入與銷售的計算單位不相同的時候，例如雞肉的採購，通常以公斤來計算價額，但是廚房的主廚在開立請購單時，是以隻為單位，當然，在銷售時，是以經過廚房烹煮後，以一客一隻或半隻來販售。另外，如咖啡的採購是以磅來計價，但是經過泡製後，是以每杯為多少元來販售，因此要進行產能控制之前，必須先制定好標準操作流程與標準產能的規範。而產能的規範又可分下列兩種：

1.供應商提供貨品的產能：在食品的生鮮類中，由於其貨品的標準無法完全一致，所以通常只能規定一個上下限的標準，如請購龍蝦每隻是300公克到330公克，而如果供應商是以上限交貨，而餐廳是以每客一隻的方式出售，則這時餐廳的食品成本當然會升高。所以這就是採購人員或驗收品管人員必須特別注意的地方。

2.生產的產能：也就是產出率。在生產的產能方面又可以細分為下列兩種：

(1)自動化的產能：利用機器設備產出的。現在的餐廳利用機器來代替人工的工作其範圍越來越廣，而每一種機器設備都有其特殊的功能及產能。只要正確的操作使用以及依照規定加以定時的維修保養，那麼這些設備的產能既能夠維持，也能延長其使用的壽命。

(2)人工操作的產能：此一控制的重點在廚房標準操作的確實能夠執行，採購人員也能採購到比較高品質的材料，如此必定可以提高人工操作時的產能。

(三)耗損的管理

在餐飲業的產製過程中，原物料的耗損有時必定會發生，但是如果經過仔細的分析與檢討仍然可以得知如何可以減低耗損的百分比。因此我們先就管理的兩個層面來加以分析。

1.原料耗損管理：造成原料耗損的原因有三種：

(1)訂貨不當：這種情形在生鮮的食材以及效期短的原物料上最容易發生。例如生意並沒有預期的好，但是訂了太多的貨了。

(2)操作不當：這種與廚房手藝或員工的工作是否專心有關，可以利用教育訓練加以改進。

(3)貯存或是搬運不當：有可能是設備上的問題，那麼就應該在維修上多多用心；如果是人爲上的過失，則應當多加小心。

(4)成品報廢管理：西式的速食業，自從麥當勞進軍台灣以來，不斷的擴張之外，其他的速食業者如肯德基等等也陸續的登場。其發展非常的迅速，但是因爲它們的產品多爲計劃性的預先產製，再透過保溫或再加熱的方式，以便加快服務的流程。然而他們的產品有其保存期限，所以如何能夠經由詳細的銷售「時段」分析，來控制成品的預先產製，不但能達到快速的服務，而且能夠減少製成品過期後的「報廢」，這是非常重要的課題。

第三節　訂貨的規定與流程

在餐飲業的採購作業流程中，是先找適合的供應商，再依照公司的規定，至少需要多少家以上來比價。目前各國際觀光大飯店，大部分都規定至少三家以上作事先比價的動作，最後選擇一家「物美價廉」的供應商，然後再依照使用單位提出的請購，再向這家被我們選上的供應商訂貨，以上是一般餐飲業或是旅館業的採購流程。

一般來說，實際的訂貨工作往往要遠比與供應商洽談採購的條件來得複雜，而因爲餐飲的採購貨品都非常的講究新鮮度，因此在「有效期限」上的控制，就變成物料管理上的重點。本書一直強調，採購人員不是「採購出納」，所以要如何達到有效率的訂貨工作，也就變成了對採購從業人員的基本要求之一了。茲將訂貨工作的細目敘述如下。

一、訂貨的目標

安全庫存量的維持與原物料貯存周轉率的提高，是訂貨的基本目標。也就是說，採購的從業人員必需在爲了維持安全庫存量，才不致於讓廚房及銷售有斷貨之虞，以及貯存所必須付出的代價的當中，去得到一個最好的平衡點。一般餐廳常常接到消費者的抱怨之一就是點什麼菜式，竟然說：「賣完了」。因此適當的存量，也許能夠獲得營業量的增加，並且給顧客良好的印象。但是，貯存所帶來的庫存成本、採購量太多所積壓的資金，以及貨品貯存過久而導致鮮度減退甚至腐敗等，這些都是在採購訂貨時必須要考量的因素。

二、訂貨的對象

(一)對外訂貨

依照採購部經過採購比價作業流程所談妥的條件，向指定的供應商直接訂貨。

(二)對內訂貨

在一般的大飯店或是大型的餐廳以及連鎖經營的餐飲業等，爲了集中採購或強化採購條件，常常有配銷中心或是中央倉儲的設置，這時候各營業單位只需要面對一個訂貨的對象，而由配銷中心直接去面對所有的供應商，如此可以減輕各營業單位在管理上的負擔。另外，管理方面全面「電腦化」將可以更有效的達成物料管理上的績效。

(三)供應商自行進貨

有些供應商的配銷能力非常的強，而且品牌也很強勢，也可自行定期定時的到餐廳檢視存貨以及補貨。

三、確認訂貨數量的方法

採購流程中，先有請購才會有採購，因此請購數量的多寡，並不是取決於採購人員，而是決定在請購者的身上。例如餐廳每日生鮮物品的訂貨數量，是由餐廳的主廚來決定，由他來打入生鮮物品請購單，然後再交給採購人員向經過比價作業的供應商訂貨，因此訂貨人員必須審愼考慮及計算各種因素，才可以開立請購單。

(一)依照預估的營業收入訂貨

營業收入的高低，當然是直接影響原物料的使用量，所以主廚在塡寫請購單時，首先必須考慮的因素，就是明後日是否有特殊的酒席宴會，如果沒有，在一般日子裡，應當會有多少生意。也意即在預估營業收入時，以此來推算必須準備多少的原物才足夠營業之用。計算時可以用每一萬元或每一固定的金額的營業收入所耗用的原物料之平均數，以它作爲參考的依據，再根據它計算出想要達到預估營業量時的物料需求量。

(二) 依使用量訂貨

每位廚師可以依照過去餐廳原物料的使用情形作爲訂貨的重要參考資料。可以用上個月或是上星期的使用量，作爲下星期或下個月訂貨的依據。原則上，每個餐廳的生意分布依它的客源或是地點的不同而有所不同，有的餐廳座落在台北市東區，平常日生意不錯，星期六及星期日或國定假日反而生意不好。因此長期性的累積各項物料耗用的記錄，對將來訂貨的參考依據是非常重要的。

(三)依照盤點的結果訂貨

各餐廳的主廚，於每天下午三點左右，應該盤點一下，廚房的倉庫內還剩下多少原物料，種類是什麼，有那些明天不夠了必須再請購。因此主廚每日再填寫生鮮食品物料請購單時，盤點廚房內還剩下的原物料是最基本的動作之一。

(四)依照供貨期間的長短訂貨

考慮此因素，其對象原則上不是生鮮食品，因爲生鮮食品不宜久存，最好是今天所叫的貨，明天或後天就用掉。因此，考慮到供貨期間的長短來訂貨，原則上是針對南北什貨類，可以在比較長的時間內使用仍然還很新鮮可口，例如罐頭類的食品，尤其是進口的罐頭。因爲各供應商提供物品的到貨時間或送貨期間不盡相同，因此採購部訂貨時必須依據供應商所指定的供貨期間，訂足夠的量，才不致於臨時斷貨。

(五)依照物品貯存的有效期限訂貨

餐飲業或旅館業對食品類的各種有效期間都必須逐一的了解及控制，否則就算貨品是在倉庫，但是有效期限一過，貨品就等於報廢了。所以訂貨對於各種食品的可貯存有效期限，必須明確掌握，才不致於訂貨量太多，而不能在有效期內用完。因此原則上，訂貨量的可耗用期限是不可以超過貯存的有效期限，這是不可輕忽的，鮮奶就是最好的例子。餐廳每天鮮奶的使用量是10瓶，其有效期限是7天，那麼訂貨時訂貨量絕對不可超過70瓶。

(六)依照季節訂貨

天氣的變化、季節的更迭往往會影響到餐廳菜式及原物料使用量的不同。例如夏天時沙拉吧就比較銷路佳，疏菜水果的使用量就多了。同時隨著季節的轉變，許多生鮮食品的供應期間、產量的多寡、品質的好壞、價錢的高低，也會隨著轉變，因此採購從業人員必須隨時掌握這些重要的資訊與主廚充分的配合，以期達到採購的最高效益。

(七)依廣告促銷訂貨

許多大飯店或餐廳為了提高業績，針對新產品的知名度，或是在節慶日如情人節、聖誕節、母親節等就利用廣告來促銷。但是由於促銷的關係，往往主廚會推出與往常不同的菜單，生鮮物品的請購種類與量都會和原有的耗用比例不同。餐廳的主廚在這促銷期間，必須與前場經理緊密的溝通協調相關促銷的內容、對象，以及市場行銷部門的預期目標，並且詳加了解，以便適度的調整其訂貨的種類與量。

(八)依照地區的特性來訂貨

對於一些餐飲的連鎖店來說，每家分店會因為所在地的不同，商圈的特性不同，在各項產品的銷售比例也會有所差異。所以在訂貨方面，餐廳如果是屬於連鎖性的，就必需考慮到這些差異性所造成的影響。

(九)依照物品的包裝數量與規格來訂貨

由於供應商在和採購談訂貨條件時，往往會告知，訂貨量的基本數或包裝的單位計算方式，也就是說，訂貨時至少要以基本量來訂購。例如信封，不論是西式或是中式，每次訂貨供應商都會告之，至少要5,000個或是幾千個以上才可以。又例如A4影印紙，訂購時是以包作為單位每包500張，或餐廳用的點菜單訂購時也必需以本為單位每本為50份。以上的這些要點在訂貨時，都必須要注意。

並非所有的採購項目都是由採購部人員來主導，有些項目基於專業或其他原因，會由使用單位或倉庫依其需要量與安全庫存量提出請購單，經過總經理或指定的主管核准其請購單，最後才由採購人員直接承辦執行訂貨。例如購買電腦或相關零件，由於電腦比較具有專業性，因此常常委請資訊中心的人員直接與供應商洽談，並且由資訊中心提出請購單，經過總經理或適當的主管核准之後，再由採購部打出採購單向供應商訂貨。

對餐飲業而言，由於天氣、季節、當季的產量多寡、價格的變動，以及節慶促銷等等的因素之影響，有些食品物料確實無法套用固定的公式來計算採購量，不過一般仍然可以藉由下面的公式去計算適當的採購量：

採購量「包括安全庫存量」＝每日用量×進貨天數×1.2

至於採購周期，理論上是越短越好，但是，考量到其新鮮度、耗用量、供貨期間及庫存空間等，各種原物料的採購周期也就不盡相同，以下為一般餐廳所採用的採購周期：

1.生鮮食品：每日採購，包括蔬菜、水果、海鮮、肉類等。
2.南北什貨：每月一次或兩人採購，依倉庫的大小而定。
3.一般用品：在大飯店每月採購一次，一般單獨餐廳則每周採購一次。

四、訂貨的方法

可以預估營業收入中各項原物料所占的比率，計算使用量，或者是以盤點結果的上期使用量減去盤存數量後，再參考確認訂貨數量的方法的第四項到第八項計算出需求的數量，再依照訂貨物品的包裝數量調整。

五、異常情況的調整

餐飲業的經營不只複雜，而且利潤非常的少。因此餐飲的經營必須不斷的蒐集各方面的資訊，以作爲年度營業預算、費用的預估、訂貨的依據以及管理上的指標，但是，仍然有一些情況是很難控制的，例如去年的「SARS」，顧客不敢上門，各家餐廳生意一落千丈。因此像這種事先無法預知的情況，對一位優秀的採購從業人員來講對於這種狀況必須具備高度的警覺性，作好下列兩項工作：

1.每日檢查效期較短而且重要的原物料之盤存量、使用量、進貨量，並且確定它們數字上的正確。

2.異常的情況發生後，必須盡量的去了解原因，並追蹤它的結果，還要加以彙總、記錄以作爲將來參考的依據。

第四節　食材選購

食材乃是包括「海鮮、肉類、蔬菜、水果以及南北什貨」，一位優秀而且盡職的採購人員。每每在工作之餘還會針對食材的好與壞，去作更深入的探討，了解什麼樣的食材可以取得比較多可以使用的部分；什麼樣的食材質地烹調出來的菜餚會較出色；什麼樣的食材選購才不致於易於腐敗，上述的各項原因都會影響到食品成本的高低。所以公司的採購從業人員如果能夠多花一些時間研究或接受訓練，對餐廳的成本控制將有非常大的貢獻。茲將食材選購的要點敘述如下：

一、一般食材的選擇

(一)麵粉的選購

1.粉質乾鬆、細柔而且沒有異味爲佳。

2.再依照蛋白質含量的高低，而區分爲以下三種：

(1)高筋：表示其蛋白質的含量最高，它的顏色稍微帶黃，把它緊緊握住後，不會也不容易弄成一團，是專門用來製作麵包。

(2)中筋：蛋白質成份介於高筋與低筋之間，適合用來製作麵條。

(3)低筋：表示其蛋白質的含量在三種之中最低，顏色也比較潔白，握緊後，比較容易就弄成一團，適合用來製作小西點、蛋糕等。

還有一些點心師傅會在它的專業配方中要求特殊的綜合性麵粉，例如高筋百分之七十，加中筋百分之三十的混合性麵粉。這些特殊的配合有其特殊的用途，不在本書討論的範圍。

(二)食米的選購

1.米粒應當均勻飽滿、完整、堅實而且拿起來有重的感覺。

2.光潔明亮，沒有發霉，沒有摻雜石粉、砂粒，甚至於蟲等異物。

3.越是精白，它的維他命B含量就越少，所以應當選用九三米或是胚牙米對人體比較好。

台灣人比較習慣食用蓬萊米，而比較不習慣吃再來米，最近市面雖然有販售比較貴的進口米，如「泰國香米」，然而反應不是很好，這可能與台灣人的食用米之習慣有關，「Q又香」是台灣人選用食米的第一選擇。

(三)乳類的選購

1.鮮奶類

(1)鮮奶味道鮮美，而且有乳香，顏色「白而密黃」。

(2)乳水油膩，但是不會結成塊狀。

(3)注意有效期限及製造日期，並且也必須注意廠商銷售期間的存放方式與冷藏溫度的控制是否適當。

(4)鮮奶的品牌，必須經過衛生檢驗機構檢驗合格者，例如必須印有「CAS」的標識。

2.奶粉類：奶粉宜選擇顏色爲乳白色，而且奶粉沒結成塊狀，並且它的包裝最好是罐裝或是不透明袋裝，千萬不要購買透明包裝，或是塑膠袋裝的產品，一般這樣的包裝都是不合法公司的產品，另外外觀並須標示清楚。

3.罐頭類

(1)必須要注意包裝是否精美完整，而且頂部平整，不向外凸出。

(2)標籤必須說明清楚，包括容量、廠牌、廠址，以及製造日期及有效日期等。

(四)肉類的選購

1.牛肉或豬肉

(1)品質好的豬肉，瘦肉部分，顏色是粉紅色；肥肉的部分，顏色就呈白色而且清新，硬度適中，看不出有任何的不良的顆粒。肉質結實、肉層分明、質紋很細緻，用手指壓它，可以感覺它的彈性，並且沒有出水的現象。

(2)品質好的牛肉，瘦肉部分，顏色是桃紅色；肥肉的部分，顏色亦呈白巴，但是，牛筋的部分則是淺黃色。

(3)不論是牛肉或是豬肉，只要是生病的，肉上常常可以看到有不良的顆粒，而它們的瘦肉顏色「蒼白」，而死的牛肉或豬肉，它們肉的顏色是呈暗黑色，或是放血不清有瘀血的現象。另外，在肉皮上，如果沒有蓋有檢驗局的檢驗章者，就是私宰的牛或豬，是比較沒有保障的，必需小心，尤其台灣發生口蹄疫，以及日本及美國陸續發生狂牛症後，消費者更是聞之色變。

2.家禽類

(1)家禽類只要是活的時候，頭頂的冠顏色鮮紅而且挺立；羽毛鮮豔而明亮；眼睛靈活有神；腹部的肉質豐厚而且結實；肛門潔淨而且沒有污物及黏液。

(2)已經處理好的家禽類，外皮完整光滑，整體的體型肥圓豐滿的話就是好的家禽。

3.內臟

(1)不論是牛肝或豬肝，應選擇顏色是「灰紅色」，筋比較少，沒有斑點，並且用手指壓會感覺有點彈性。

(2)豬肚應該選擇肥厚、表面光滑、顏色呈現「白」的，並且沒有積水的。

(五)海鮮類的選購

1.魚類

(1)看起來鱗片要整齊而且完整。

(2)眼睛要明亮而且呈水晶狀。

(3)魚鰓必需鮮紅，魚肚堅挺不下陷，並且魚身結實而富有彈性的爲佳。

(4)味道也是重點之一，只有正常的魚腥味，不應該有腐敗的味道。

2.蝦類

(1)蝦子的種類非常的多，依照它們的種類各有其應有的顏色。這一點對一般家庭主婦有些困難，但是專業的採購人員應該具有這方面的常識。

(2)蝦子的身子必須看起來或摸起來硬挺、光滑、明亮而且飽滿。

(3)蝦子的身體必需完整，頭殼也不容易脫落的才是最佳的。

(4)跟一般的魚類一樣，聞起來只有自然的蝦腥味，而不是腐臭的味道。

3.蟹類

(1)應該選擇蟹身豐滿而且肥圓的。

(2)蟹的眼睛，應該明亮、十隻肢腿必須完整並且堅挺，胸背甲殼結實而堅硬者佳。

(3)腹部呈爲「白」色，而背殼內有蟹黃者，消費者最爲喜愛。

4.蛤蚌螺類

(1)外殼應當滑亮、潔淨。

(2)外殼相互敲打時，聲音應該清脆。

(3)聞起來沒有腐臭的味道。

5.海參類

(1)肉身堅挺，而且富有彈性者。

(2)看起來很乾淨，沒有雜質，而且聞起沒有腐臭的味道。

6.牡蠣類

(1)選擇肉質肥圓而且飽滿者。

(2)肚部潔白，而且堅挺者。

(3)聞起來沒有腐臭的味道。

7.墨魚：選擇時，身體的顏色應呈潔白，並且應明亮、堅挺而且富有彈性。

8.魚翅：選擇時，應該選「翅多而長」，並且光潔滑亮的。

(六)蛋類的選購

1.鮮蛋類

(1)新鮮的蛋，外殼粗糙沒有光澤，並且清潔無破損而圓者。

(2)以燈光照射，它的內部應該呈現透明，沒有混濁或黑色者。

(3)蛋氣量要小，用手搖它，沒有震盪的感覺。

(4)放入鹽水中，新鮮的蛋，應當會沈下去。

(5)蛋打開後，蛋黃豐圓隆挺，蛋白透明堅挺，並且包圍於蛋黃四周而不會流散的。

2.皮蛋類：選擇時，其外殼必須乾淨而沒有黑點，手拿兩端輕輕的敲時，有彈性震動的感覺較好。

(七)蔬菜類的選購

1.胡蘿蔔：頭尾的粗細應該均勻，顏色紅而脆，外皮完整光潔，並且具有充足的水分的較佳。

2.白蘿蔔：頭尾粗細應當均勻，色白表皮完整細嫩，用手指彈打會有很結實的感覺。

3.馬鈴薯：表皮看起來要潔淨完整，色微微的呈「土黃色」，水分充足，而且沒有牙眼的。

4.小黃瓜：頭尾粗細應該均勻，表皮瓜刺挺直、堅實、碧綠而且帶有絨毛，瓜肉肥厚。

5.大黃瓜：頭尾粗細應當均勻，表皮光潔平滑，瓜肉肥厚、脆，水分充足者。

6.青椒：外觀平整均勻，表皮滑亮，色綠而堅挺者。

7.茄子：表皮光滑呈深紫色，茄身粗細應當均勻、瘦小、堅挺，蒂較小者爲佳。

8.筍：選擇筍時，它的身子應當粗短，筍肉肥大，而且肉質細嫩者爲佳。

9.茭白筍：顏色要白，光滑肥嫩，切開後看不到黑點者爲佳。

10.洋菇：蒂與基部應當緊緊鎖在一起，顏色應呈自然的白色。

11.洋蔥：表皮上有土黃色的薄膜，質地越結實的越好。

12.芋頭：表皮完整豐厚肥嫩，頭部用小刀切開時，應呈現白色粉質物的較好。

13.香菇：選香菇時，莖應當小，而且肥厚，菇背有白線紋是爲上品的香菇，另外內側越白的越新鮮。

14.甘藍菜：選甘藍菜時，葉片顏色應呈「暗綠色」，並且肥厚、滑嫩沒有蟲咬過。另外莖部肥嫩者較佳。

15.菠菜：選菠菜時，葉片的顏色應呈「深綠色」、肥厚、滑嫩，莖部粗大硬挺，基部肥滿而呈紅色者較佳。

16.絲瓜：選絲瓜時，表皮的瓜刺應該挺立而且帶絨毛，瓜身粗細也應均勻，另外硬挺且重量重的是爲上選。

17.包心菜：外層的顏色應當「翠綠」，裡層的顏色應當「純白」，葉片也應明亮滑嫩而硬挺，包裹較寬鬆者為佳。

18.筒蒿：選筒蒿時，葉片應肥厚、嫩滑、硬挺並且完整，而且看不到有蟲害者為佳。

19.空心菜：選空心菜時，莖部要「短」，葉片要肥厚、完整，且無蟲害者為佳。

20.芹菜：應當選莖部肥胖而顏色為白的較好。

21.莧菜：選莧菜時，應選葉片肥厚而無蟲害。

22.蔥蒜：選蔥蒜時，應選「莖部肥而長」。

23.虹豆：選虹豆時，應選粗細均勻而肥嫩者。

24.四季豆：選四季豆，應選粗細均勻而滑嫩者。

25.豌豆：選豌豆時，應選肥嫩清脆而完整的。

(八)水果的選購

1.橘子：選橘子時，應選「皮細而薄」，拿著有「重」的感覺，並且具有橘子的味道者為佳。

2.香蕉：選香蕉時，應選肥滿熟透，而且具有香味者較佳。

3.蘋果：選蘋果時，應選表皮完整，沒有斑點以及沒被蟲咬過。另外，應具自然的顏色、光澤及香味，質重而且清脆者為佳。

4.鳳梨：選鳳梨時，應選表皮「鳳眼」越大越好，用手指彈有結實的感覺，質要重，具有芳香的味道，而且表皮沒有汁液流出。

5.西瓜：選西瓜時，應選表皮翠綠、紋路均勻、皮薄、質重、多汁，用手指敲之有清脆的聲音者較佳。

6.檸檬：選檸檬時，應選皮細而薄，質重而且多汁者爲佳。

7.木瓜：選木瓜時，應選表皮均勻無斑點，而且肉質肥厚者爲佳。

8.香瓜：選香瓜時，應選皮薄且具光澤，底部平整而且寬廣，輕輕壓時有點軟，但是搖動時沒有聲音，另外應具有香味的爲佳。

9.蕃茄：選蕃茄時，應選表皮均勻完整，皮薄，具有光澤，顏色「翠綠中略帶紅色」者爲佳。

10.蕃石榴：選蕃石榴時，應選表皮有光澤，果肉肥厚，顏色越淺的，越是上品。

11.葡萄：選葡萄時，應選果蒂新鮮而且硬挺，顏色「深」而且多汁者爲佳。

12.梨子：選梨子時，應選皮細、質重、光滑、多汁者爲較佳。

13.桃子：選桃子時，應選表皮完整而且有絨毛比較新鮮，果肉則要肥厚顏色淺的較爲好吃。

14.李子：選李子時，應選表皮有光澤，大而且多汁者較佳。紅李的話，則它的顏色越深越好。

15.楊桃：選楊桃時，應選每瓣的果肉肥厚、滑柔、光亮，顏色則越淺越好。

16.柚子：選柚子時，應選皮細而薄，質重而且頭部要寬廣一點較佳。

17.枇杷：選枇杷時，應選表皮是「金黃」色，而且還帶有絨毛者爲佳。

18.柳丁：選柳丁時，應選皮薄、滑亮、細嫩，而顏色要淡些較好。

19.龍眼：選龍眼時，應選顆粒大、核小、皮薄、肉甜、肥厚的。

20.荔枝：選荔枝時，應選顆粒大、外皮鱗紋扁平、皮薄、肉厚、核小的。

(九) 調味品的選購

1.食用油類

(1)固體的豬油：以白色，沒有雜質，並且具有濃厚的香味者爲上品。

(2)液體油：例如沙拉油，則以清澈、沒有雜質、沒有異味者爲佳。

2.醬油類：目前在台灣所販售的幾乎都有品牌，而且均有經過政府衛生有關單位的核准標示。另外應具有豆香味、不含雜質，也沒有發霉的。

3.食鹽：選購食鹽時，應選色澤光潔、沒有雜質，而且要乾鬆。

4.味精：選購味精時，應選色澤光潔、沒有雜質、要乾鬆，最重要是用火烘烤時會溶化的才是眞品。

5.食醋：選購食醋時應注意，由於種類繁多，有清清如水者，也有略帶微黃的，但是，不論那一種，選購時應以光潔、清澈、沒有雜質為佳。

6.酒類：一般的餐廳調理用的酒大多以黃酒、米酒、高粱酒三種為主。選購時應當選擇清澈、沒有雜質者。

7.糖類：不論是赤砂、白砂，或是咖啡用的冰糖，以乾鬆、沒有雜質為佳。

二、台灣地區季節性的蔬菜、水果與海鮮

不論是餐廳或是大飯店，所使用的食材和季節都有其密不可分的關係。局限於「當令」蔬菜、海鮮以及水果的有無，餐廳菜單的菜式也將隨之改變，因此採購人員對於季節性的「當令」食材，應當要有相當的認識。除此之外目前台灣已經進入「WTO」，因此不只要研究與認識台灣地區季節性的食材，包括中國大陸與日本的季節性食材，有機會也應當加以詢問及探討。

採購人員如果能夠充分的掌握季節性的變數，必定能夠非常輕易的取得價廉物美的「當令」食材，提供廚房製作精美的佳餚，以這個特色吸引顧客。喜歡看緯來日本台的觀眾，一定記得，「料理東西軍」這個節目，節目中的師傅所製作出來的道道美食都會讓人看了垂涎三尺，其中有許多的美味佳餚，它們的精華之處，是在師傅們都能在「當令」食材中找到最適合的最能夠表現的「食材」。

從上述得知，「季節性食材」對餐廳的重要性，**表5-1**為台灣地區季節性食材資訊提供給讀者及相關的採購人員參考。

表5-1　台灣地區季節性食材

月份	食材類別	食材項目
一月份 二月份	蔬菜類	白蘿蔔、胡蘿蔔、青蔥、韭菜、韭菜花、大蒜、乾薑、冬筍、球莖甘藍、白菜、芥菜、菜心、芹菜、菠菜、綠葉甘藍、茼蒿、萵苣、杏菜、鹹菜、茄子、花椰菜、蕃茄、天津白菜、青椒、豌豆、缸豆。
	水果類	葡萄、鳳梨、檸檬、木瓜、楊桃、椪柑、蕃石榴、棗子、柳丁、草莓。
	海鮮類	秋姑魚、烏賊、海鰻、草魚、白鰱、鯉魚、白帶魚、眼眶魚、扁甲魚、台灣馬加鰆、錦鱗蜥魚、血鯛、嘉納魚、直黑旗魚、白鯧、尖頭光鯖、小黃魚、大眼鯛、重點扁魚。
三月份	蔬菜類	白蘿蔔、青蔥、韭菜花、大蒜、乾薑、菜心、球莖甘藍、甘藍、白菜、芹菜、菠菜、蕹菜、綠葉甘藍、莧菜、萵苣、花椰菜、胡瓜、茼蒿、南瓜、蕃茄、菜豆、天津白菜、紅鳳菜。
	水果類	柳丁、鳳梨、椪柑、桶柑、檸檬、木瓜、枇杷、楊桃、李子、蕃石榴、蓮霧、香瓜、西瓜、梅子。
	海鮮類	烏賊、白鯧、海鰻、白帶魚、眼眶魚、扁甲魚參、台灣馬加鰆、錦鱗蜥魚、血鯛、加納魚、、直黑旗魚、尖頭花鯖、花翅文孚魚、文蛤、砂蝦、赤宗魚、銅鏡鯛、大眼鯛、重點扁魚。

（續）表5-1　台灣地區季節性食材

月份	食材類別	食材項目
四月份	蔬菜類	白蘿蔔、胡蘿蔔、青蔥、大蒜、韭菜、韭菜花、乾薑、竹筍、球莖甘藍、甘藍、白菜、蕹菜、芹菜、菠菜、綠葉甘藍、莧菜、萵苣、鹹菜、花椰菜、胡瓜、花胡瓜、南瓜、絲瓜、苦瓜、茄子、蕃茄、青椒、菜豆、天津白菜、紅鳳菜。
	水果類	西瓜、鳳梨、檸檬、木瓜、枇杷、楊桃、李子、蕃石榴、蓮霧、香瓜、梅子、桶柑。
	海鮮類	海鰻、血鯛、白帶魚、眼眶魚、扁甲魚參、台灣馬加鰆、錦鱗蜥魚、嘉納魚、白鯧、尖頭花鯖、花翅文孚魚、文蛤、砂蝦、赤宗魚、小黃魚、鬼頭刀、雨傘旗魚、黃砂魚丁、長牡蠣、金線紅姑魚、貝花鰹、銅鏡魚參、大眼鯛、重點扁魚、星德小砂魚丁。
五月份	蔬菜類	白蘿蔔、胡蘿蔔、青蔥、韭菜、韭菜花、大蒜、乾薑、竹筍、球莖甘藍、甘藍、白菜、蕹菜、芹菜、菠菜、綠葉甘藍、莧菜、萵苣、鹹菜、花椰菜、胡瓜、花胡瓜、南瓜、冬瓜、苦瓜、絲瓜、蕃茄、茄子、青椒、菜豆、豇豆、天津白菜、紅鳳菜。
	水果類	鳳梨、木瓜、檸檬、荔枝、枇杷、楊桃、李子、蕃石榴、蓮霧、芒果、桃子、香瓜、西瓜、梨子。
	海鮮類	秋姑魚、海鰻、白帶魚、白鯧、眼眶魚、扁甲魚參、錦鱗蜥魚、血鯛、加納魚、尖頭花鯖、花翅文孚魚、文蛤、砂蝦、赤宗魚、小黃魚、鬼頭刀、雨傘旗魚、黃砂魚

(續)表5-1　台灣地區季節性食材

月份	食材類別	食材項目
五月份	海鮮類	丁、星德小砂魚丁、長牡蠣、金線紅姑魚、貝花鰹、柔魚、吳郭魚、馬頭魚、銅鏡魚參、大眼鯛、重點扁魚、烏魚。
六月份	蔬菜類	白菜、白蘿蔔、胡蘿蔔、青蔥、韭菜、韭菜花、乾薑、竹筍、甘藍、蕹菜、芹菜、綠葉甘藍、莧菜、萵苣、鹹菜、胡瓜、冬瓜、絲瓜、苦瓜、茄子、蕃茄、青椒、菜豆、豇豆。
	水果類	西瓜、鳳梨、檸檬、木瓜、荔枝、李子、梨子、蕃石榴、蓮霧、芒果、葡萄、桃子、香瓜、蘋果。
	海鮮類	文蛤、秋姑魚、海鰻、眼眶魚、扁甲魚參、嘉納魚、白鯧、尖頭花鯖、花翅文孚魚、砂蝦、赤宗魚、小黃魚、鬼頭刀、雨傘旗魚、黃砂魚丁、星德小砂魚丁、長牡蠣、金線紅姑魚、貝花鰹、柔魚、吳郭魚、馬頭魚、銅鏡魚參、大眼鯛、重點扁魚、烏魚。
七月份	蔬菜類	芹菜、白蘿蔔、胡蘿蔔、青蔥、韭菜、韭菜花、乾薑、竹筍、球莖甘藍、甘藍、白菜、蕹菜、綠葉甘藍、莧菜、鹹菜、胡瓜、冬瓜、絲瓜、苦瓜、茄子、青椒、菜豆、豇豆。
	水果類	荔枝、鳳梨、白柚、紅柚、檸檬、木瓜、龍眼、楊桃、梨子、蕃石榴、蓮霧、芒果、葡萄、桃子、鳳眼果、香瓜、西瓜、蘋果。
	海鮮類	秋姑魚、扁甲魚參、嘉納魚、尖頭花鯖花翅文孚魚、文蛤、砂蝦、赤宗魚、鬼頭刀、雨傘旗魚、黃砂魚丁、星德小砂魚

(續)表5-1　台灣地區季節性食材

月份	食材類別	食材項目
七月份	海鮮類	丁、長牡蠣、金線紅姑魚、貝花鰹、柔魚、吳郭魚、馬頭魚、銅鏡魚參、虱目魚、大眼鯛、重點扁魚、烏魚。
八月份	蔬菜類	白蘿蔔、白菜、芋頭、青蔥、韭菜、韭菜花、生薑、乾薑、竹筍、甘藍、蕹菜、芹菜、綠葉甘藍、莧菜、花椰菜、胡瓜、冬瓜、苦瓜、茄子、青椒、豇豆。
	水果類	鳳梨、白柚、紅柚、文旦、柿子、檸檬、木瓜、龍眼、楊桃、梨子、蕃石榴、蓮霧、釋迦、芒果、葡萄、鳳眼果、香瓜、西瓜。
	海鮮類	白鰱、秋姑魚、烏賊、扁甲魚參、尖頭花鯖、文蛤、砂蝦、黃砂魚丁、星德小砂魚丁、長牡蠣、金線紅姑魚、貝花鰹、柔魚、吳郭魚、馬頭魚、銅鏡魚參、虱目魚、大眼鯛、重點扁魚、烏魚。
九月份	蔬菜類	白蘿蔔、白菜、芋頭、青蔥、韭菜、花椰菜、生薑、乾薑、茭白筍、竹筍、甘藍、蕹菜、芹菜、綠葉甘藍、莧菜、萵苣、胡瓜、冬瓜、絲瓜、苦瓜、茄子、蕃茄、菜豆、豇豆。
	水果類	文旦、鳳梨、椪柑、檸檬、木瓜、柿子、楊桃、梨子、蕃石榴、釋迦、香瓜、西瓜、龍眼。
	海鮮類	秋姑魚、草魚、白鰱、烏賊、眼眶魚、扁甲魚參、錦鱗蜥魚、尖頭花鯖、文蛤、砂蝦、黃砂魚丁、星德小砂魚丁、長牡蠣、金線紅姑魚、貝花鰹、柔魚、吳郭魚、馬頭魚、大眼鯛、虱目魚、重點扁魚、烏魚。

(續)表5-1　台灣地區季節性食材

月份	食材類別	食材項目
十月份	蔬菜類	白蘿蔔、白菜、青蔥、洋蔥、韭菜、韭菜花、乾薑、茭白筍、甘藍、竹筍、蕹菜、芹菜、菠菜、綠葉甘藍、莧菜、茼蒿、萵苣、花椰菜、胡瓜、絲瓜、苦瓜、茄子、蕃茄、青椒、菜豆、豇豆。
	水果類	釋迦、文旦、鳳梨、椪柑、檸檬、木瓜、柿子、楊桃、梨子、蕃石榴、香瓜、西瓜。
	海鮮類	秋姑魚、烏賊、草魚、鯉魚、白鯧、白鰱、眼眶魚、錦鱗蜥魚、血鯛、嘉納魚、文蛤、砂蝦、雨傘旗魚、長牡蠣、金線紅姑魚、貝花鰹、馬頭魚、虱目魚、大眼鯛、重點扁魚、烏魚、黑鯧。
十一月份	蔬菜類	白蘿蔔、冬筍、芋頭、洋蔥、菁蔥、韭菜、菜花、大蒜、乾薑、茭白筍、竹筍、球莖甘藍、白菜、甘藍、菜心、蕹菜、芹菜、菠菜、綠葉甘藍、莧菜、茼蒿、萵苣、花椰菜、胡瓜、冬瓜、苦瓜、茄子、蕃茄、青椒、豌豆、菜豆、豇豆、菱角。
	水果類	鳳梨、椪柑、檸檬、木瓜、梨子、蕃石榴、香瓜。
	海鮮類	秋姑魚、烏賊、草魚、白鰱、鯉魚、白帶魚、眼眶魚、台灣馬加、錦鱗蜥魚、血鯛、嘉納魚、直黑旗魚、砂蝦、赤宗魚、雨傘旗魚、金線紅姑魚、貝花鰹、吳郭魚、黑鮪、大眼鯛、重點扁魚、烏魚、黑鯧。

（續）表5-1　台灣地區季節性食材

月份	食材類別	食材項目
十二月份	蔬菜類	白蘿蔔、胡蘿蔔、芋頭、青蔥、韭菜、韭菜花、大蒜、乾薑、冬筍、白菜、菜心、球莖甘藍、甘藍、蕹菜、芹菜、菠菜、綠葉甘藍、莧菜、茼蒿、萵苣、花椰菜、胡瓜、冬瓜、茄子、蕃茄、青椒、豌豆、菜豆、天津白菜、菱角。
	水果類	鳳梨、棗子、椪柑、柳丁、檸檬、木瓜、楊桃、梨子、蕃石榴、香瓜。
	海鮮類	雨傘旗魚、秋姑魚、貝花鰹、吳郭魚、黃鮪、大眼鯛、重點扁魚、烏魚、黑鯧、草魚、白鰱、鯉魚、白帶魚、扁甲魚參、眼眶魚、台灣馬加、錦鱗蜥魚、血鯛、嘉納魚、直黑旗魚、砂蝦、赤宗魚。

第五節　導致食品成本增高的原因

一、大量採購

前面的章節曾經提及，盡量以大量採購單（OPEN PURCHASE ORDER）爲原則，以避免採購過量。乍看似乎有點矛盾，大量採購不就是採購過量了嗎？但是的確有些區別。首先了解「大量採購單」的優點，自然就能夠了解，並不是「採購過量」。

（一）優點

茲將「大量採購單」的優點敘述如下：

1.單位成本大幅下降：例如購買飯店客房用的肥皂，每次採購5,000個，每個進價成本是3元，但是如果一次就與供應廠商採購200,000個，單位成本，供應廠商的報價是每個1.7元，下降的幅度超過40%以上，這就是「大量採購」的魔力。

2.倉庫面積縮小：由於大量採購，因此可以向供應廠商要求「肥皂」原則上擺在供應廠商處，而採購者要多少量，供應商就送多少過來。一般來說，只要採購者的採購量大到一定的地步，供應廠商原則上會接受採購者的要求。但是依照這個「大量採購」的合約，如果合約的期限爲一年，採購量爲200,000個，則在一年內一定要消耗完這些採購量。

3.營業面積適量的增大：在可能的範圍內，如果許多存貨都能夠以「大量採購」的方式進行採購，則如上述餐廳或旅館就不需要太大的倉庫面積，自然的可以將其多出來的面積，轉用到可以增加收入的營業方面。

4.資金不會凍結：許多人都會認爲，如果餐廳的採購太過於注重單位成本的下降，而將大部分的存貨項目都實施「大量採購單」，那麼可能資金將會凍結在存貨上。因爲廠商雖然把單位成本價格下降，但是，相同也可能要求採購者必需一次付清所有的採購數量之金額。在這裡就必需讓讀者了解，「大量採購單」並非一次購進，而是告訴供應商，採購者與他們訂定的採購單是「一段期間」的採購單，而在這段期間採購者逐次向供應商進貨，採購者進多少貨就給多少錢。因此，只要採購者與供應商之間的採購是大到足以令他們動心，以上的要求，是可讓供應商接受的。

5.單位成本價格穩定：由於訂定的採購合約是「一段期間」，那就表示，不論是颱風、洪水、地震等天災不可抗力的，或者是政治、社會、經濟方面有所變化，在這段合約期間內單位價格是不變的。

6.利息負擔不會加重：利用大量採購，單位成本價格下降，資金又不會凍結於存貨上，當然餐廳的投資者就無需由於大量採購而去增加負債，以致於增加利息的負擔。

從以上「大量採購單」的優點，就可以看出來，不管餐廳的規模大小，採購從業人員貪污，當然會使食品成本增高。但是，先假設餐廳的採購從業人員的品德操守都是沒有缺陷的，那麼「大量採購」則是降低食品成本的不二法門。

（二）餐廳規模不大亦可採取大量採購單方式

如果餐廳規模不大，又希望能夠採取「大量採購單」的方式，來降低餐廳的食品成本，則有下列的三種方法提供給讀者參考。

1.聯合採購：例如國賓大飯店，十年前台北國賓飯店向台北的海鮮中盤商買「魚翅」。高雄國賓飯店也向高雄的海鮮中盤商買「魚翅」，直到三年前，新竹國賓飯店開幕，國賓大飯店的總管理處，就建議，與其每一家分店分別向當地的供應商採購「魚翅」，還不如找大盤商，三家店一起向他們購買，大盤商可能會有興趣。

由於國賓大飯店的宴會酒席很多，魚翅的用量自然很大，三家國賓飯店的用量，初算有六噸以上，利之所在，果然大盤商的動心了。聯合採購「魚翅」的結果，與前年的單位成本相比較，每年足足節省了將近三佰萬元。這是一念之間「聯合採購」的力量。

2.同業聯合採購：另外再提供一個例子給讀者參考。「新竹貢丸」的主要材料是用豬的「後腿肉」，一般餐廳或大飯店的採購部向豬肉商買「後腿肉」的單位成本價格，大約一公斤是130元，這是最近的平均價格，但是專門外銷的豬肉供應廠商，販售的價格一公斤是70元左右。為何單位價格相差如此的懸殊，原因是餐廳或是大飯店在原物料的採購方面一直是「少量多樣」。如果採購太多又賣不出去，因此只好退而求其次，向一般的中央市場豬肉商購買，當然單價就貴多了。

有了魚翅「聯合採購」的經驗，因此某飯店採購部同仁在一次偶然的機會，與同業開會時提出「同業聯合採購」的構想。如果能夠利用旅館公會同業公會，或者是餐飲公會同業公會，向一般廠商的上游廠商「聯合採購」，可能引起最上游的供應廠商的興趣。經過一次折衝、協調的結果，雖不盡滿意，但是可以接受，也就是，上游的供應商，答應販售給各大觀光飯店，但是，是以中間的價格，也即每公斤100元販售成交。這次的嘗試對各大飯店的採購部來講是一大突破，至少在豬肉方面，可以將單位成本每公斤下降約20元。

3.加盟店：許多小型的餐廳爲何能夠生存，甚至於有利潤，其中最大的原因是他們的販售商品的主要食材都是利用「大量採購」而能獲得最大的採購效益。例如專門賣鍋貼的「四海遊龍」，在大街小巷都能夠看到它們的存在，小小的店面，每個鍋貼又才賣4元怎麼能夠維持開銷呢？原因無他，「四海遊龍」的所有食材都是由總公司直接和供應商接洽，靠著眾多店面的力量，「聯合採購」自然採購單價就比一家餐廳單獨採購要來得便宜了。有了這股優勢，目前在市面到處可見各式各樣的「加盟店」。

二、採購程序的控制

從以上的「大量採購單」或是「聯合採購」的方式中可以得知，希望從採購過程中降低餐廳食品的成本，絕對不是偶然，必須動用腦筋。另外，師傅所習慣與喜好選用的菜類問題亦會影響採購的作業。再者，請購單位與採購單位之間應該有良好的聯繫，才不致於產生，由於採購程序不完全，所產生的弊病。茲將可能發生的弊病敘述如下：

(一)採購過量

餐廳的食材百分之八十以上是生鮮的，由於聯繫的不足，本來是訂五十桌酒席的訂宴，臨時取消改變爲三十桌，主廚又沒有通知採購部人員，因此五十桌酒席的食材採購，就無形中多出了二十桌，只好擺在倉庫等到是否還有另外客人訂酒席時之用，如果短時間之內沒有接到訂宴，這些食材可能就會腐敗。當然食品成本就增高了。

(二)採購成本過高

如果採購人員不能與主廚時時溝通檢討市場的動態，則主廚所開出來的每天生鮮食品請購單，就會無法對應季節性的當令「蔬菜、水果、及海鮮」，食品的採購成本當然就增高了。

一般而言，在觀光大飯店的採購部人員，對於蔬菜或水果的資訊，每個月必須一次或兩次作市場調查，最好主廚、驗收及採購人員能一起去。來來大飯店的原物料市場調查，爲了取得當令的海鮮資訊，每年還編製了兩次到三次的預算，到比較遠的漁港作市場調查，例如澎湖的馬公、台東的成功、屏東的大溪這三個地方幾乎都被列爲必定市調的港口。這些市場調查的費用可能不少，但是與盲目的採購非季節性的食材相比較，當然是值得的。

(三)對於質、量、種類等缺乏整套的詳細規格

在南北什貨方面，目前幾乎已經全面品牌化，因此它們的規格，包括質、量、大小等都會印在包裝上，就如前面的章節曾經提過，包括米在內，都已經品牌化了。例如目前消費者比較熟悉的上好米、長鮮米、泰國香米、池上米、中興米等，可以依照品質、規格、量、種類上的不同任由消費者或使用者來選擇。但是，對於蔬菜、水果，以及海鮮這些生鮮的食材，在採購時就沒有所謂的品牌可供參考。因此必須依照經驗，針對質、量、種類作一系列有規則的分類並編成條碼，以配合餐廳或飯店的電腦化。如此才不致於因爲盲目的採購以致於食品成本的增高了。致於如何針對食材中的生鮮食品作質、量、種類的分類呢？例如草蝦，爲了配合不同的宴席價格，以及爲了配合不同的單點價格，把草蝦分成幾類：如14尾一公斤或18、24、28、30、36尾一公斤，因此酒席一桌10,000元或一桌15,000元相同的菜色，所使用的食材當然在質、量、尺寸上有所

不同。

(四)缺乏採購比價的措施

前面的章節，曾經提過，採購人員不是萬能，對於公司的任何貨品之認識，不見得每一樣都十分專業，所以採購人員也喜歡使用者提供一些專業的供應廠商。然而每位使用者包括主廚在內，都有推薦廠商的權利，但是沒有決定向那一家廠商購買或用多少價格購買的決定權。爲了維護公司的內部控制管理，當採購部開立採購單指定供應商之前，一定必須作事前的採購比價措施，才可以決定某樣貨品是向那一家供應商採購的。以公司的立場而言，任何貨品的採購經過議比價的結果，有競爭價格才的下降。成本才會降低。針對實務上來說，蔬菜、水果由於受天氣的影響比較大，所以一般的餐廳每半個月比價一次；南北什貨的部分由於不受天候的影響可以久存，所以半年才比價一次；海鮮及肉類則爲每三個月比價一次。

(五)採購權及責任劃分不清

這是目前許多餐廳的通病，也就是，此人爲主廚又是採購，小型的飯店或是餐廳幾乎都是如此。優點是機動性高，沒有行政作業流程的約束，而且配合廚師的研發，常常可以推出非常有創意的菜式，因此只要老闆相信他，責任劃分清楚與否已經不是重點。但是，如果成本比常態高出很多，或是餐廳的規模越來越大，「校長兼敲鐘」的情況就應當加以適當的改善，而將工作及責任明確的區分，各自扮演好自己的角色，食品的採購單位成本才會下降。

(六)與供應廠商之間的聯繫不足

各行各業的競爭都是非常的激烈，因此正確、迅速的資訊常常是勝負的關鍵，餐廳的食材供應商爲了生意及生存，也都盡力在找尋一些新鮮、新奇的食材，提供給餐廳，尤其台灣加入「WTO」之後，許多以前不准進口的農業產品現在都可以進來了。因此，如果與供應商常有充分的聯繫，就能夠購進「價廉物美」的新食材，讓餐廳可以常常提供新的菜色給顧客品嘗，如此不但能提高業績而且能降低食品成本。

(七)採購缺乏成本預算觀念

有些主廚爲了展示他的手藝，在某些特定的場合推出他的特餐時，刻意用了一些高成本的特殊材料來吸引消費者，營收上可能有些提升了，但是太高的成本，可能到最後的結算，會發現是白作一場。在台北某餐廳的主管，本人喜歡品嚐紅、白葡萄酒，因此經常舉辦「紅酒豪華餐」，每位參加的貴賓只需要支付1,200元就能夠享用西式豪華大餐外加高級紅酒。每次結算之後發現，餐食及紅酒的成本平均每位約需800元，外加餐廳服務人員的薪資，根本就是白忙一場。

(八)帳單以及付款的稽核工作不嚴謹

一家有制度的餐廳或旅館，付款給供應廠是根據「驗收單」而非發票，依照正常的管理流程，餐廳或旅館的採購，是先有請購單才會有採購單的動作，而有了採購單才會產生驗收單，而每月供應廠商必須從公司收到的驗收單與財務部對帳，無誤之後，才再開立發票向財務部請款。理論上驗收單上的總金額絕對是與發票的總金額相符合的，但是如果付給供應廠商的款項沒有按照上述的流程核對，而只是憑供應廠商送來的發票就付款的話，就有可能多付給廠商而不自知，自然公司的成本會增高了。

(九)訂貨缺乏彈性

在前面的章節曾經提過，訂貨的方法，乃是根據下列九種方式來訂貨：

1.依預估的營業額來訂貨。

2.依使用量來訂貨。

3.依盤點結果來訂貨。

4.依供貨期間的長短來訂貨。

5.依物品貯存的有效期限來訂貨。

6.依季節變換來訂貨。

7.依廣告促銷來訂貨。

8.依地區特性來訂貨。

9.依物品的包裝數量與規格來訂貨。

如果一位採購人員不能依照上述的九種方式彈性的訂貨，食品成本就一定會升高。例如農曆年過後在台北最便宜又最好吃的水果是什麼，答案是「柳丁」，但是主廚喜歡吃「梨子」就一定要採購梨子，在這季節，梨子又貴又少又不新鮮，當然成本會升高。另外碰到颱風時，葉菜類的蔬菜稀少而且昂貴，就應當改用根莖類的蔬菜，否則食品成本一定增高。

(十)投機採購，致使價格反而高漲

最近禽流感流行整個亞洲包括台灣在內，造成雞價大跌，有些採購就乘機低價大量購進，然而敏感的消費者，在媒體一再的報導下，已經鮮有人敢嚐試雞肉，而改吃魚或其他肉品。因此擺置在冷凍庫的雞肉在無消費者問津的情況下，只好給員工吃，或賤賣給顧客，結算的結果，投機的採購反而是買到高價的食材，得不償失。

(十一)採購人員與供應廠商勾結

這是最要不得的行爲，也是餐廳老闆最忌諱的。勾結的方式很多，例如以品質比較差的貨品繳交給餐廳，而以品質較高的價格報價。或是採購與廠商勾結用圍標的方式議價，餐廳進貨的單價成本就自然提高了。

(十二)驗收人員的操守不足

廠商經常利用驗收人員的貪小便宜，就在過年過節時送些禮物給驗收人員。俗語說：「拿人手短，吃人嘴軟」。驗收人員既然收了人家東西，於是在驗收時就睁一隻眼閉一隻眼。當然廠商在驗收單位的偷斤減兩就不足爲奇了。例如，送冷凍魚來時，冰塊加多一些，自然重量就增多，成本也增高了，或者整箱的水果上層是上品下層確是較差。

(十三)對於品質、量、及價格未嚴格的核查

採購人員在設定規格的時候，針對品質、量、價格與主廚或使用單位，可能都有經過討論及研究，而設定完成。但是眞正向廠商訂貨時又沒有確實的去執行與把關，當然就會讓供應廠商有機可乘。餐廳的成本無形中就會升高。

(十四)損壞及未曾收到的貨品，沒有信用補償制度

對於這一點，一般在台灣各大國際觀光大飯店都實施一種機制，當採購向供應廠商訂購貨品之後，如果廠商所繳交的貨品有瑕疵或不夠訂貨量，公司原則上就先入帳，但不付款給廠商，直到廠商補足貨品，對完帳無誤，公司才會付款。如果餐廳沒有堅持上述的管理方式，除了帳會不對外，成本也一定會提高。

問題與討論

1.試述一般採購人員的工作職掌。

2.試述採購人員的資格與條件。

3.試述在採購流程，如何確認訂貨數量的九種方式。

4.試述麵粉的選購要點。

5.試述米的選購要點。

6.試述乳類的選購要點，包括鮮奶類、奶粉類、罐頭類。

7.試述海鮮類的選購要點，包括魚類、蝦類、蟹類等。

8.試述蔬菜類的選購要點，包括小黃瓜、大黃瓜、萵苣、白蘿蔔等。

9.試述水果類的選購要點，包括木瓜、西瓜、鳳梨、龍眼、荔枝等。

10.試述調味品類的選購要點，包括食用油、醬油、食醋、酒類等。

11.試述「大量採購單」(OPEN PURCHASE ORDER)的優點有那些。

12.試述由於採購程序的不完全，而導致食品成本增高的原因有那些。

第六章 驗　收

餐廳所使用的原物料，經由主廚的請購，再交由採購人員的訂貨，緊接著就是供應商的按時送貨。送達餐廳時，餐廳在成本控制的關卡上就是「驗收」了。

由於餐廳或大飯店對於生鮮食材的鮮度、品質，以及保存期限的要求非常的嚴格，因此當廠商將原物料送達時，驗收作業的把關就益形重要，而輕忽不得。以下就針對驗收作業的各項要點加以分析探討，可以讓讀者對於在驗收與食品控制的關係上有更深入的認識。

第一節　驗收的概念及規定

驗收的作業對於採購的流程、訂貨，以及使用單位的請購而言，扮演著內部控制管理中稽核的角色，依照公司所擬定，以及核准的「驗收標準作業流程與規定」執行驗收的工作，可以使整個物料管理的流程順暢而完美，並且達到良好的成本控制之目的。

一、驗收作業的主要目標

1. 確認廠商交貨的數量，與公司採購單的訂貨量是相符合的。除了廠商所送來的貨品，都必須確實的過磅或盤點數量之外，與供應廠商所訂貨的採購單上的訂貨量是否相符，也是很重要的。如果有任何差異，必須立刻反映給相關的單位，包括使用單位人員、及採購人員等，進行查核、追蹤以及作必要的處置。
2. 確認廠商交貨的品質與採購單上簽訂的條件。原則上，廠商必須依照採購單上所訂定的品質交貨，嚴格的品質管制，除了能夠確實保證品質外，對於供應廠商也是一種壓力與約束。在下次與廠商議比價的同時，也可以增加採購人員與供應廠商的談判籌碼。

3.確認廠商交貨的單據上的單價與採購部所開立給廠商的採購單上的價格是否符合。

二、驗收人員的職責

驗收是原物料進入廚房或是倉庫前必經的過程，驗收的工作是否迅速、確實與順利，對於食物烹調加工的產銷影響非常的大，也對於食品成本的增加有實際的影響。一般比較大型的餐廳或是大飯店，都有指定專責人員，依照公司所制定的「標準驗收作業流程與規定」辦理驗收的作業，茲將驗收的職責敘述如下：

1.負責所有公司採購任何貨品及設備的驗收工作。

2.確認各項貨品的品質、量、規格、單價等。

(1)條件不符合：必須依採購單所訂定的條件辦理。

(2)品質不符合：應將貨品退回或減價。

(3)價格不符合：與採購單上的單價相比較，以較低爲準。

(4)量多出採購單的訂貨量：退回給廠商或暫收，一般公司都有超出多少百分比是可以接受的規定。

(5)量少於採購單的訂貨量：一般的規定爲，請廠商補送或更正。

(6)規格不符合：退回廠商，請再補送。

3.核對數目的準則：如過磅、計件等。

4.塡寫驗收單：如果家餐廳或旅館已經驗收單位都電腦化了，則用電腦打出驗收單。原則上驗收單一式四聯分別給以下四個單位：

(1)第一聯給供應廠商：將來作爲請款與對帳之用。

(2)第二聯給採購部：表示採購向廠商訂購的貨品已經全部收

到無誤，或是還有部分未收。如有部分未收，請採購部與廠商聯絡馬上處理。

(3) 第三聯給財務部：作爲付款給廠商的憑證之一。

(4) 第三聯驗收單位自己保留：以便將來有問題時查核之用。

三、驗收作業的流程

「控制必需控制在前而非控制在後」，如果驗收是扮演採購與倉庫以及廚房烹調之間的橋樑，那麼前面的那一段話，就非常的恰當。也因爲驗收時，必須注意各項進貨的價格、規格、數量與品質是否正確，所以食品的成本控制才可以確保。

而原物料的採購，如果沒有經過嚴格的、仔細的、迅速的、確實的驗收，勢必影響到食材的鮮度，製造許多的弊端，也甚至影響到餐廳前場的銷售。茲將驗收的流程敘述如下：

(一)驗收的前置作業

首先要準備合格的驗收工具，如磅秤等，來點收廠商所送來的貨品之數量與品質。其次是在驗收之前必需確實了解，今天所要驗收的廠商名稱、貨物的品項、規格、數量、價格與到貨的時間。

目前在台灣，許多餐廳都已經電腦化的情況下，一家有管理制度的餐廳或旅館，每天下午三點以前一定將明天所需的各項原物料由各餐廳的主廚打入電腦，而直接傳送至採購部。採購部則在下班之前將所收到的各項請購，包括數量、價格、規格、品質、送貨日期等，尋找適當的廠商，再開立採購單，用傳眞送到廠商處，廠商接到傳眞後，則會依照採購單上的內容準備，並按時送貨。同時採購部也會將傳眞給各廠商的採購單，用電子郵件的方式傳送給驗收。因此一大早，驗收人員打電腦直接打開電子信箱，就可以查看出有多少廠商今天會送貨來，又有多少的貨品今天必須驗收。

(二)檢查品質規格

廠商交貨時驗收人員依照採購單的訂貨條件，確認到貨的品質規格確實是爲請購單位所需的貨品。

品質管理驗收的檢查方式可依照下列的方式來檢查：

1.全數的檢查：對於高單價的原物料，或是重要的品項，公司原則上是規定必須全數檢查。

2.抽樣的檢查：也就是針對比較不重要的貨品進行抽查。但是，必須注意的是生鮮或是冷凍食品的檢查必須小心而且快速，才不致於因爲檢查費時而發生耗損，因此反而得不償失。

3.數量的檢查：當品質規格確實無誤之後，依照採購單上的訂貨需求量，針對廠商到貨量加以點收，如果無誤，則完成單據簽收後，就可以進行入庫或是交給使用單位。

4.填寫驗收單：驗收作業完成後，應該立刻填寫驗收單（**表6-1**），如前面章節所述，它是一式四聯，而其主要內容是：

(1)驗收單號碼。

(2)訂貨日期。

(3)收貨日期。

(4)貨品名稱。

(5)訂貨數量。

(6)實收數量。

(7)規格。

(8)單位。

(9)價格。

(10)廠商名字：某某公司或行號。

(11)採購單號碼。

表6-1 驗收單

公司名稱：					編號：	
訂貨日期：					收貨日期：	
採購單號碼：						
貨品名稱	數量		規格	單位	單價	備註
	訂貨	實收				
請購：	採購：	驗收：				

四、驗收作業的規定

(一)驗收人員需對訂購的貨物熟悉

驗收人員不見得需要限定何種資格，公司指定此人來擔負這個任務，表明此人對公司所採購的貨物非常的熟悉並且深入的了解。而驗收的目的，就是要確實的知道所採購貨品的規格、品質、單價以及量是否合乎要求。

(二)貨品確認時需要開立驗收單

驗收的貨品沒有問題時，驗收人員就得開立驗收單，製作驗收記錄，上面載明廠商名稱、貨品名稱、單價、數量、收貨日期等。如果該項貨品是屬於生鮮類的，就必須直接交給廚房，如果是屬於南北什貨或用品類，則應該列入存貨帳，並且運往所屬倉庫。

(三)貨品如是箱子包裝應打開檢查

驗收貨品時，如果是箱子包裝，就應當打開箱子逐一檢查，並且記載它的品名、採購日期、重量等於帳上，再於物品上貼上標籤，上面寫明品名、廠商名稱、收貨日期、重量、單價。

(四)貨品是爲生鮮品必須附上兩聯式的簽條

如果訂購的貨品是肉類、海鮮、或是家禽等，都必須附上兩聯式的簽條，其上載明廠商名稱、單價、重量、總價、收貨的時間，一聯交給廚房，另一聯交給成本控制組。

在傳統作業上，標籤或簽條對於食材的管理有其方便的之處，如下所述：

1. 記載購買時的價格，簽條傳到成本控制員的手中時，可以據以控制菜餚的成本。
2. 記載購買時的時間，簽條上的日期可以作爲鮮度管理的憑據。通常是採先進先出法，避免貨品的貯存過久未加使用，而過期腐敗就此報廢。
3. 記帳時的便利，食材記帳有明確的資料可以一目了然，不必常常盤查存貨。
4. 可以迅速的實施存貨盤點，通常存貨主廚會每周清點一次，每月還要有一次徹底的盤點。使用簽條可以節省盤點的時間，而將重量、價格等迅速的轉抄到存貨的帳上去。

第二節　驗收作業品質管制的基本要求

前面的章節曾經提過，驗收的工作其重點爲數量、規格與品質，而對於品資管理控制上的基本要求，茲詳述如下：

一、包裝

在所有驗收作業的品質管制動作中，如果該項貨品有外包裝，則首先必須確定的是，其包裝的完整性。例如有沒有破損、已被開封過，或是被擠壓過。

二、氣味

正常的生鮮食材，都會有其特殊的氣味，驗收人員可以從氣味上去判斷，品質有沒有開始產生變化。例如蝦子發臭。

三、色澤

是判定食材品質的另外一種方式，驗收人員在這方面隨著經驗的累積，應該多吸收一些專業的知識。

四、溫度

生鮮食品對溫度要求以及溫差的敏感度非常的大，正確良好的冷凍、冷藏配送與貯存，對於食品運送過程中的品質維持非常的重要，所以驗收人員絕對不可以疏忽驗收時的溫度檢驗。

五、外觀

這個驗收動作是最簡單，但是也是最重要的品質管制方式，在專業的驗收從業人員眼中，就可以大致上確認貨品的品質。

六、口感

有些特定的可食性原物料，用各種方式都無法確認品質的時候，「試吃」可能是最有效的品質管理方式之一。

七、製造標示

也是一種可以提供給驗收人員參考的一個依據，但是，該項產品必須是出自於較具規模與品牌形象的供應商，才具有參考的價值。

八、有效期限

有效期限的確認，必須和訂貨數量的預估使用期限相互配合。

第三節　各類食品及飲料的驗收要領

在前面的章節中曾經提過各類食材採購的要領，那是採購與供應商之間訂貨應該注意的條件，而驗收人員則必需依照這些採購條件，審慎且小心的驗收，才不致於使食品成本產生差異。茲將驗收人員針對食材驗收的要領敘述如下：

一、肉類

1. 表皮應該蓋有政府完稅證明才可。
2. 確定新鮮度及所要的部位。部位不同，則價格相差就會很多。

二、家禽類

1. 越老，味道就會越差。
2. 要注意新鮮度。

三、海鮮類

1.魚類應該挑選眼睛明亮，魚鰓鮮紅。

2.蝦類應該挑選頭部不可以脫落。

3.貝類應該挑選，貝殼沒有打開的，才是新鮮的。

4.魚鱗必須緊，而且有彈性。

5.除了魚的腥味外，不應有腐敗的味道。

6.除了新鮮度外，驗收時必須扣除水分、冰塊及內臟。

四、蛋

1.蛋的表面要略爲粗糙，而且具有光澤。

2.用手把蛋拿起來搖，不能有聲音。

3.放入水中，蛋會下沈的，才是好的。

4.將蛋對著光線，成透明者較好。

五、乾貨類

1.會有特殊的品質、特殊的香味或是味道。

2.包裝必需完整。

3.如高單價的魚翅，必需嚴格驗收，並且務求乾燥、質優。

六、罐頭食物

1.罐頭的罐子凸起不能驗收。

2.罐頭的罐子裂開或生鏽也不能驗收。

3.應該注意罐頭的製造日期，如果已經超過兩年則不宜驗收。

七、冷凍食物

1.供應商應當用冷凍車將貨品送來。

2.貨品送來時應該保持冰凍的狀態，如果貨品已經開始解凍，可以拒絕驗收。

八、蔬菜

1.葉子應當鮮綠而且完整。

2.莖應該要直，並且要結實沒有斷過，這樣的食材可用的部分才會多而且好用，成本也才會下降。

3.馬鈴薯等根莖類，表皮應當潔淨完整，水分充足而且沒有芽眼者較好。

4.菜根類蔬菜，應該去除頭尾，並且扣除空箱紙盒的重量，而以實際的重量為驗收的依據。

九、鮮奶

1.應當注意製造日期，以及有效期限。

2.有時必須抽驗，其味道是否鮮美，並且顏色為白中帶點黃。

3.注意乳水是否不油膩而且不結成塊狀。

十、水果

1.任何水果驗收時，都必須注意，外皮是否光亮結實。

2.水分多。

3.過生或過熟都不適合，應當接近8分到9分的成熟度為最適當，並且應當請供應商事先整理，以方便驗收人員的查驗，而且可以節省時間。

十一、酒類以及飲料

1.任何種類的飲料當驗收時，其瓶蓋的開瓶線，必須完整無缺。

2.將飲料顛倒，並且反覆搖它，透過玻璃瓶中，看看它所產生的氣泡大小是否一致。

3.瓶蓋上所貼的標籤或完稅證明必須完整。

4.葡萄酒類是否有傾斜保存。

第四節　驗收常見問題及解決方式

驗收品質管理人員，如果確實且嚴格的執行他們的工作，的確可以對旅館業的品質提升有直接的影響。但是，當驗收的過程中，發現品質不良時，或者規格數量不對時，也應當有一些正確的標準作業流的規定。

一、驗收的數量與採購單上的訂購量不符合時

驗收時，數量不符合的情況太多了，尤其對生鮮食品材料來說。例如採購部人員向供應商訂購龍蝦十隻，每隻約300公克，也就是0.3公斤，供應商龍蝦送來時，絕對不可能其重量合計一公克都不差，除非是巧合。因此有時會重量不足，有時則太重，但是只要在公司所規定的差誤範圍內，還是可以接受的。

然而，如果訂貨是十隻，但是送來是十二隻，或是只送來八隻，這時太多的，可能就請供應商拿回去，不夠則請供應商將貨品補齊，否則支付款項時，財務部會用所謂的「採購及驗收的手續不完整」而拒絕付款。

二、驗收時的貨品，品質與採購單上的訂購條件不符合時

當品質不符合時，非食品類的可以採取退貨的方式處理。如果是生鮮食品類的，可與送貨人員確認後請其帶回，而產生數量不足的部分，可以請採購人員與供應商聯絡，請其補貨，或向其他供應商重新訂貨。

三、供應商應該確實遵守送貨時間的規定送貨

不論餐廳或大飯店的驗收場所總是有限，因此如果沒有適當的安排供應商的送貨時間，驗收的場地一定會非常的混亂。不只供應商非常抱怨，而且也會浪費時間，甚至延誤廚房的作業，也就會影響到營業的收入。因此如果供應商送貨的時間有異動，也應由驗收人員馬上通知採購部，再由採購部通知供應商，以方便作業的流暢。**表6-2**爲驗收單位收貨時間表，供讀者參考。

表6-2 驗收單位收貨時間表

貨品名稱	收貨時間
燒餅、油條等	06：30～07：30AM
水果類	07：30～08：00AM
蔬菜類	08：00～09：00AM
肉類	09：00～09：30AM
乳酪、冰淇淋、蛋類	10：00～10：30AM
家禽類	10：30～11：00AM
進口肉品	11：00～11：30AM
飲料類	11：30～12：00AM
酒類	01：30～05：30PM
南北什貨	01：30～05：30PM

第五節　導致食品成本增高的原因

一、成本過高的原因

在前面的章節我們提過，理論上驗收的基本工作職責與目標就是，驗收數量、單價、品質與規格。但是如果違反了下列的一些事實，也會使驗收的基本工作無法達成，以致於餐廳的食品成本增高。

(一)驗收設備不夠精良

基本上，一家有管理制度的餐廳，在設計驗收單位時首先想到的就是，購買精確的驗收設備，例如磅秤。二十年前的來來大飯店就購買能夠秤200公斤的優良磅秤，目前市面上所販售的電子磅秤比傳統的更準確、更便宜。餐廳絕對不能只有準備小型的磅秤，如菜市場使用的。

(二)已驗收的物品沒有記錄也沒有報表

也許有些餐廳本身既沒有請購單的表單也沒有採購單，甚至於沒有驗收單，因此供應商送貨來時，就憑供應商的送貨單代替餐廳的驗收單，在如此情況下，公司的存貨記錄很難完整的記錄，更容易產生重複付款給供應商的情形。

在沒有存貨報表的情況下，食品成本的控制就益形困難，每月的食品成本就只能依賴月底的結帳後才能得知成本的高低。也對於食品成本是否能夠預先控制，的確是無能爲力。

(三)驗收的方法與程序沒有徹底執行

前面的章節曾經提過，驗收的程序與規定，這些程序與規定都

是在確保貨品的品質、數量與價格。因此如果沒有仔細而嚴格的執行，驗收就有漏洞，食品成本自然增高。例如規定驗收冷凍的魚類時，必須扣除水分、冰塊與內臟，如果疏忽了，自然貨品的重量就會虛增，成本當然也就虛增了。

(四)生鮮食品放置在驗收處過久

這是許多餐廳的缺失之一，由於餐廳的營業時段一般為午餐時段及晚餐時段，因此廚師的上班時間也大約從早上的十點開始，但是，生鮮食品的驗收時間通常都很早，大約早上八、九點左右，以致於驗收完畢後生鮮食品，就一直擺在那裡，直到廚師上班了，才會拿進廚房，鮮度可能就會變差了，有的甚至開始產生異味。這些食材自然製作出來的菜餚就不可能如預期的那麼鮮美好吃，生意自然受影響，成本無形中就升高了。

(五)驗收的器具不足

驗收時的器具，不外乎銳利的小刀、剪刀等，以利拆箱或拆盒。如果能夠常常保有足夠的器具，驗收的時間就能節省，生鮮食品放置在常溫的時間就可以減短，新鮮度自然能夠保持。

二、改善措施

而為了防止上述的這些驗收所產生的弊病，可以採取下列三點來實施：

(一)商請度量衡公會每月派員來公司檢查驗收設備

主要包括各種「磅秤」。如果度量衡公會無法派員來查驗，可以直接向他們購買「法碼」，由財務單位每月派員，利用「法碼」查驗餐廳的磅秤是否準確。

(二)聯合驗收

驗收人員、採購人員以及使用單位，應該一起聯合驗收貨品，如此的作法對待供應商可以作到「單一窗口」的制度。也就是說，供應商送貨到餐廳，經過驗收後，就直接回去。不可以，也不用請供應商將貨品送進廚房，以免有「瓜田李下」之嫌。另外，如果所驗收的貨品其規格、數量或價格不對，當場就可以商請採購人員或使用單位討論解決方法。

(三)連續號碼控制法

在前面的章節曾經提到，餐廳的驗收管理如果執行不佳，就非常有可能重複付款給供應商，而要防止這種情形發生，就必需設計並製作餐廳的驗收單，當作付款的憑證，並且在驗收單上編製號碼，使用時依照序號，萬一寫錯必須作廢時，也應該四聯一起作廢。如果能夠作到上述的流程與規定，餐廳的存貨管理與內部控制一定能夠上軌道。

而連續號碼控制法，還可以運用到「應付票據」的控制。很多餐廳或旅館都曾經有過支票的金額打錯而不自知，就付給供應商，等到供應商將票子存入銀行發生退票，才發現原本必須支付給供應商的金額，竟然多打了100倍。怪不得，餐廳的銀行戶頭裡存款不足。

作者曾經服務過的一家觀光大飯店，會計人員在製作廠商付款支票時，不小心竟然將7,000.00元打成700,000，有可能是一般正式簿記作業，寫金額必須將7,000元寫成7,000.00元，這位會計可能忙著要去約會，就把它看成7後面有5個0，所以就打成700,000元了。這種嚴重的錯誤，要如何避免呢？使用「連續號碼控制法」將可以預先發現錯誤，而立刻可以複查，到底錯誤發生在何處，然後可以馬上更正，以免錯誤的發生。茲將作法敘述如下：

1.先檢查當月所開出的驗收單有沒有漏掉的，如果全部都在，將它們加總，其金額假設為1,000,000元。

2.由於驗收單為一式四聯，財務部會收到其中的一聯，將它依照廠商別分類，並且也給每一家廠商號碼，而且是依順序給予號碼，例如三月份，第一家廠商就給予03-001，第二家就給予03-002，如果三月份此餐廳總共的廠商家數為150家，則它的號碼就會是03-150，而將每一家廠商的小計加總，應該給付廠商的金額總計，也應當等於1,000,000元。

3.餐廳還必須規定，不管這家廠商這個月份內販售給餐廳多少次貨品，餐廳原則上是每月每家廠商只會拿到一張支票。例如說，來來大飯店的規定，每月1日到31日，所送到的貨品，不管多少次，請在下月20日到22日下午，至財務部憑著公司所給予的驗收單與會計人員對帳，如果無誤，則開立發票給來來大飯店，並在25日以後到財務領取「即期支票」。因此，只要對支票的開立也要求連續號碼的控制，則餐廳在這原則下，必須只用一家銀行戶頭開立支票，而且必須按照序號開立，以便達到連續號碼的規定，支票的開立張數只會剛好等於廠商的家數150張，而且其金額的總計也一定等於1,000,000元。因為支票開立的張數不對，不是有廠商沒有支票可領，就是有的廠商開立了兩張。而當所開立出來的支票加總之後的金額不等於1,000,000元的同時，會計人員就馬上會覆查，看看錯誤發生在何處。

問題與討論

1.試述驗收的主要目標有那些。

2.試述驗收作業的流程。

3.試述驗收作業的規定。

4.試述驗收作業中品質管制的基本要求。

5.試述海鮮類的驗收要領。

6.試述蛋類的驗收要領。

7.試述蔬菜類的驗收要領。

8.試述水果類的驗收要領。

9.試述酒及飲料類的驗收要領。

10.試述，如果驗收時的數量與採購的訂貨量不相符合時，應該如何解決。

11.試述，如果驗收時貨品的品質與採購單所設定的條件不相符合時，應該如何解決。

12.試述因驗收而導致食品成本增高的原因有那些。

第七章 儲　存

當所有的食材驗收完畢後，一為直接進入廚房，這些食材原則上是「生鮮食品」，為了今天或者明天所準備的，當然也必須適當的擺置在廚房的冷凍、冷藏庫或其他地方。一為進入無需冷凍、冷藏的南北什貨倉庫。如果是酒類或是飲料的話，則必須擺進適當的飲料倉庫。

而為了要確保原物料的最佳使用狀況，儲存的作業方式，必須要作到「先進先出」，以便避免不良品的產生。

另外，為了要突顯原物料存貨管理的功能，所有的食品及飲料都必需建立料號，讓存貨管理資訊化，發揮存貨報表管制與分析的功能，從中可以減少消耗與浪費，最後可以達到「控制成本」，增加利潤的目標。

第一節　各類食品儲存的方法

食品一般區分為五大類，前面四類為生鮮類依序為海鮮、肉類、蔬菜、水果，第五大類則為南北什貨類。茲依照各大類食品的儲存方法敘述如下：

一、海鮮類儲存法

如果是魚的話，先除去魚鱗、魚鰓、再除去內臟，然後沖洗清潔，瀝乾水分，再以清潔的塑膠袋套好，擺進冷凍庫，但是不適合儲存太久。

二、肉類儲存法

(一)牛肉或豬肉

應該清洗其肉和內臟，瀝乾水分，再裝於清潔塑膠袋內，放入冷凍庫，但是也不要放置太久。若要碎肉，則應該將整塊肉，先清洗瀝乾後再絞，然後再依需要分裝於清潔的塑膠袋內放在冷凍庫。如果是擺置於冷藏庫，時間最好不要超過24小時。另外，解凍過的食品，不適宜再擺進冷凍庫儲存。

(二)期限

擺在冷凍庫或冷藏庫的時間依照食材的不同可分別為：

1.牛肉類

(1)內臟：新鮮的內臟在冷藏庫可以放置1天。在冷凍庫內則可以擺置1至2個月。

(2)絞肉：冷藏庫內可以擺1天至2天；在冷凍庫內則可以擺置2至3個月。

(3)肉排：在冷藏庫內可以擺2天至3天；在冷凍庫內則可以擺置6至9個月。

(4)大塊肉：在冷藏庫內可以擺2天至4天；在冷凍庫內則可以擺置6至12個月。

2.豬肉類

(1)新鮮豬肉：在冷藏庫可以放置2至3天；在冷凍庫內則可以擺置1至2個月。

(2)絞肉：在冷藏庫內可以擺一至兩天；在冷凍庫內則可以擺置一至兩個月。

(3)肉排：冷藏庫內可以擺二至三天；在冷凍庫內則可以擺置二至三個月。

(4)大塊肉：在冷藏庫內可以擺2至4天；在冷凍庫內則可以擺置3至6個月。

2.雞鴨禽類

(1)雞鴨肉：在冷藏庫可以儲存二至三天；在冷凍庫內可以存放一年。

(2)雞鴨肝：在冷藏庫可以儲存1至2天；在冷凍庫內可以存放3個月。

三、蔬菜類儲存法

1.冷凍的蔬菜可以按照包裝上的說明使用，不用時保存於冷凍庫，已經解凍的不宜再冷凍。
2.先把一些腐敗的菜葉除去，再把一些泥土或污物清洗乾淨，然後用紙袋或多孔的塑膠袋套好，放在冰箱的下層或冷藏庫或陰涼處。趁新鮮時食用，因為儲存越久，蔬菜的營養損失就會越多。
3.如果是未經過清洗的整顆蔬菜放冷藏庫或冰箱的下層，可以放置五到七天；如果已經清洗並且瀝乾過後的話，就只能放置三至五天而已。

四、水果類儲存法

就好像蔬菜類的，先將水果上的泥土以及污物除去，清洗乾淨之後，用紙袋或多孔的塑膠袋套好，放在冰箱下層或冷藏庫或陰涼處。應該乘新鮮的時候食用，否則儲存越久，水果就會越沒有營養。

只要是水果被切開或者是去了果皮，就應該立即食用，如果發現品質不良，應當丟掉。將水果打汁，維生素很容易被氧化，因此應該盡快飲用。

五、穀類食品儲存法

1.應該放在一個密閉的容器內，並且放置於陰涼的地方。
2.不要放置太久，也不要放置在潮濕的地方，以免發霉或生蟲。
3.生的甘薯類就好像水果及蔬菜一樣，必須處理整潔後，用紙

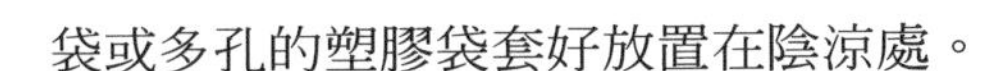

袋或多孔的塑膠袋套好放置在陰涼處。

六、油脂類儲存法

1.一定不能讓陽光照射到，也不能放置在火爐的旁邊，不用時應當將蓋子蓋好，並且放置在陰涼的地方。也不可以儲存太久，它也是有使用的期限，並最且最忌高溫以及氧化。

2.用過的油脂必需過濾，不可以到入新油中。如果油脂顏色變黑，質地黏稠，混濁不清而且有氣泡時，就不可以再使用了。

七、 醃製食品的儲存法

1.蓋子打開後，如果發現變色變味了或是它的組織已經改變了，就應當立即停止使用。

2.應當存放在陰涼通風的地方或是冰箱內，但是不要儲放太久。打開後就應該盡快用完。

3.先購入的放置於上層，以便於取用，也可以避免蟑螂、老鼠、蟲蟻的咬食。

八、調製食品的儲存法

1.應當存放在陰涼處或放在冰箱或冷藏庫內，但不宜放置太久，先購進的先用。

2.如果是「蕃茄醬」還沒有開封過的，不放在冰箱，都可以保存一年不會壞。但是開封過的就應當放置在冷藏庫或放在冰箱冷藏室。

3.「沙拉醬」還沒有開封過的，不放在冰箱，也可以保存2到3個月之久。開封後最好放置在冰箱冷藏。

4.「花生醬」沒有打開過的，放置在冰箱可以延長它的保存期限。

上述的這些醬類，打開後都應該盡快用完，期間如果發現變質、發霉就應該將其丟掉。

九、 蛋類的儲存法

1.最好購買時，應該買已經洗過並且消毒過的，如果購買時是買散裝的秤斤的，那麼儲存前必需先擦拭外殼污物。

2.將蛋的鈍端向上置於在冰箱的蛋架上。

3.新鮮的雞蛋可以儲存四至五星期，煮過的蛋只能放置一星期。

4.不可以放置在冷凍室。

十、豆類的儲存法

1.如果是乾的豆類略爲清理就可以保存。

2.但是，青豆類就應該漂洗後瀝乾，放在清潔乾燥的容器內。

3.豆腐、豆干類應用冷開水清洗後瀝乾，放入冰箱的下層冷藏，並且應該盡快用完。

十一、乳品儲存法

1.用玻璃瓶裝的鮮奶，最好一次喝完。

2.還沒有開封的鮮奶，如果不立即飲用，應該放在攝氏5度以下的冰箱冷藏。

3.未使用完的罐裝鮮奶，應該自罐中倒入有蓋子的玻璃杯內，再放進冰箱，並且應該盡快飲用。

4.圓形會滾動的罐裝或瓶裝的牛奶，最好不要放在冰箱門架上，因爲門的開關搖動，以及溫度的變化，會影響牛奶的品質，甚至於變質。

5.奶粉應當以乾淨的湯匙取用，用後緊密蓋好，打開後也應該盡快把它用完。

6.奶油可以冷藏一星期，冷凍的話可以保存兩個月。

十二、醬油儲存法

1.應當放在陰涼的地方，不可讓陽光照射，也不可以放在高溫旁，如火爐邊。
2.開封使用後，必須記得將瓶蓋蓋好，以防止蟑螂、老鼠等沾到，並且應當盡快用完。
3.不要儲存太久，如果發現已經變質了，就應該丟掉，不可使用。

十三、一般飲料儲存法

一般的飲料包括汽水、可樂、果汁、咖啡、茶等的儲存方法如下：

1.有保存期限，因此不要購買太多，按照保存期限，用「先進先出」的方式，輪轉使用。
2.應該存放在陰涼的地方，或冰箱內，不要受潮以及陽光的照射。
3.拆封後就應該盡快用完，如果發現品質不良，就應當丟掉。
4.飲料打開後，應當一次喝完，如果未能喝完時，應該加蓋，保存於冰箱中，以減少氧化。

十四、酒類儲存的方法

(一)一般酒類儲存的要領

因為酒類容易被空氣和細菌侵入，而導致酒的變質，所以買來的酒應該要適當的儲放，也可以保持酒本身的品質與價值。也就是說，如果酒一旦存放的位置不良或保存不當，那麼變質的機率就會增高。因此以下是酒類儲存場所應當注意的要點：

1.位置：應當設置各種不同的酒架，常用的酒如啤酒就放置在外側，而貴重的酒就放置於內側。

2.溫度：所有的酒，盡可能保持在室溫攝氏15度，而且乾燥的地方。

(1)光線：以微弱，但是能夠看見爲原則。

(2)不可與有特殊氣味物品存放：爲的是避免破壞了酒的味道。

(3)盡量避免震盪：可能會導致喪失原味，所以密封的箱子不要經常的搬動。

(4)應當放置在陰涼的地方，不要讓陽光照射到。

(二)各種酒類的儲存方法

1.啤酒

(1)是唯一越新鮮越好喝的酒類，購買進來後不可以久存。

(2)放置在室內可以保持三個月不會變質。

(3)放置室內的溫度最好是攝氏6到10度。10到13度稍嫌太熱，13至16度會危害啤酒的品質，並且引起另一次的發酵，16度以上的話就會開始變質。

(4)太冷也不行。攝氏2度以下，就會讓啤酒混濁不清。並且應該切忌冷熱劇烈變化。因爲如果啤酒存放於冰箱後取出放置一段時間，再放入冰箱，如此反覆一冷一熱，就容易發生混濁或沈澱的現象。

2.葡萄酒：葡萄酒中的白葡萄酒，由於都是冷飲，所以應當放在下層的棚架。不可豎立，應該平放，或是以瓶口向下成15度的斜角，因爲葡萄酒瓶均是用軟木塞，用意乃是在使軟木塞讓酒浸潤，永遠膨脹，以免空氣侵入。至於放置於攝氏10

度時，最能長期保存葡萄酒的品質。

3.其他的酒類：不需平放，一方面是較爲方便，也比較不占空間，一方面是因爲空氣對它們沒有多大的作用，所不怕空氣的入侵。

雖然酒類的儲存期限「長短差異」非常的大，有的是愈陳愈香，並且愈珍貴，有的卻是不耐久放。

酒對於一般的餐廳來說，只不過是在扮演餐廳菜餚中的配角，並非餐廳主要的營業項目。但是餐廳仍然必須根據食品衛生法的規定，注意其所標示的製造日期或保存期限。

(三)酒類的保存期限

一般酒類的保存期限以出廠日起算，簡述如下：

1.生啤酒：7天。

2.啤酒：約半年。

3.其他的酒類以一年爲宜。

4.水果酒類：沒有期限。

5.烈酒：沒有期限。

第二節　食品儲存重點

一、食品儲存的目的

食品的儲存方法有許多種，例如加熱法、密封法、除去水分乾製法、滲透煙燻法、醃漬法、低溫處理法等，其實目的全部相同，爲了就是將多餘的食物保持起來以便以後需要時的使用。

自從二十世紀發明了電冰箱以來，陸續也爲了產業的需要製造出了各式各樣的冷藏及冷凍設備，由於這些設備帶給了餐飲業許多的方便甚至於是革命性的影響。理由是，有了這種設備之後，使食物的原物料能夠保持近乎天然或調製時的原有風味，也不像以前會受到地區的限制，隨時隨地都可以獲得近乎天然與新鮮的食材。目前只要稍微具有規模的餐廳一定有購製冷凍及冷藏的設備，不論是大型的或是小型的。

餐廳儲存食物的主要目的，乃在於保存足夠的食物，令食物的腐敗減少，變質的損失降到最低。更可以利用這種優良的設備，在某種食品原料爲盛產期時，以及價格也最低的時候，作定期的預購而儲存起來，如此也能夠降低餐廳的食品成本，增加餐廳的營利。

二、食品儲存的注意事項

在餐廳所採購的食品經過驗收之後，應立即將其劃分爲「易腐敗食品」和「不易腐敗的食品」兩類，分別儲存於冷凍及冷藏室內。而大部分的易腐敗食品，也即在前面章節所指的「生鮮食品」通常就直接送交廚房，由廚師自行的冷藏或冷凍。而這些經由廚師送入冷凍冷藏室的食品，在儲存時應該注意下列各點：

1.當天或明天就會用到的食材，應放置在比較靠近倉庫門的附近。

2.所有的食材應該分類放置。例如海鮮、肉類、蔬菜、水果等應該分開堆置。

3.海、肉、牛奶等易腐敗的食品，不要混在一起擺置。

4.煮熟的食品或高溫的食品必須放置冷卻後，才能放進冰箱冷藏。

5.含水很多的或是味道濃的食品，必須用塑膠袋包起來或用容器蓋起來。

6.廚房從業人員進出冷凍冷藏庫時速度必須快些，以避免冷氣的外洩。

三、食品儲存的大忌

上述「食品儲存時應注意的事項」，是說明當食品經過驗收後，必須立刻入庫的流程與規定。接續將探討食品儲存不依照下列的重點或違反這些要點，食品材料將會變質而將影響餐廳的食品成本的增高。茲將重點敘述如下：

(一)溫度不適當

各種生鮮食品的儲存溫度是不同的，這是一門學問，廚師以及倉庫管理員在這一方面應當隨時注意並請教一些專業的人員，隨著經驗的累積與努力，必定熟能生巧。

(二)儲藏時間不適當

本書曾經提及，必須「先進先出」否則有些食品就會過時，當然也就會腐敗、變質，最後的命運就是丟棄。例如有些廚師，常常把食物大量的堆積存放在冷凍冷藏庫裡，有時數月，有時甚至更久，都沒有拿出來使用，最後清倉時才發現原來還有這些食材，可能已經過期不能用了。所以既然是「生鮮食品」就表示今天的採購明天進貨明天使用，那麼在廚房的冷凍冷藏庫，就自然能保持乾淨而整齊，並且一目瞭然。

(三)存的時間延誤

供應商將餐廳所訂購的貨品送達，經過驗收之後必須立刻送入各個適當的倉庫。然而，餐廳爲什會明知故犯呢？一定是違反了「驗收」所強調的，「爲了防止驗收所產生的弊病」應當要實施所謂的「廚師、採購，以及驗收人員」聯合驗收。如果餐廳能夠徹底的執行這一點，「儲存的時間延誤」這個問題絕對不會發生。

(四)儲藏時堆塞過緊

冷凍冷藏庫沒有使用「棧板」，以致堆塞過緊，自然空氣不流通，就會使食物存貨發莓、變質。

(五)儲藏食物時沒有作適當的分類

有些食物本身氣味非常的嗆鼻，如果與其他食物推放在一起，就很容易使其他的食物產生異味，即使沒有變質，但是這個食材的原本風味就已經消失了。例如將魚或豆腐擺在一起，豆腐一定就有魚腥味，將這種有魚腥味的豆腐拿去作料理，有些敏感的消費者一定馬上反應。

(六)儲藏室不清潔

各種存貨倉庫應該常常清洗乾淨，避免污物堆積，進而產生很怪的冰箱味，在這種情況下，再新鮮的食材進來再出去都會帶有冰箱的怪味道的。有時顧客在抱怨食物不新鮮有怪味，可能這就是原因之一。

第三節　原物料存貨的管理

一、儲存與倉庫管理的原則

(一)依照原物料的特性

1.冷凍：一般標準的冷凍庫溫度，必須要保持在攝氏零下18度以下。

2.冷藏：一般標準的冷藏庫溫度，必須要保持在攝氏4度以下。

在餐廳的廚房，也可以依照需要，採取鹽漬或者是糖漬等方式來儲存原物料。

(二)儲存的位置應當固定

如果冷凍冷藏庫，倉庫管理人員都能整理得井然有序，所有的原物料都標示得非常的清楚，而且也編製了配置圖，那麼倉庫管理人員每天進出倉庫領取原物料就可以節省時間，倉庫大門開放的時間也會縮短。倉庫內的食材變質的機率就會減少，電費相對的也可以節省。

(三)依照盤點的順序

盤點的工作，在倉庫存貨管理中，扮演了非常重要的角色。每天廚師爲了明天的原物料「請購」，因此一定需要盤點；每月爲了控制「食品成本率」不致於超過標準，也必須要盤點。因此，如果儲存的位置與盤點的工作相結合，就可以節省許多管理的時間，並且也增加存貨盤點的正確性。

(四)置放原物料的原則

1.不接地：不可以與地面直接接觸，否則食材就容易變質或腐敗，例如將米或麵粉，整包直接放置在地上，短時間可能看不出來，但是，不出多久，直接接觸地面的部分，由於濕氣的關係，這些米或麵粉就會開始長霉，而且一發不可收拾。因此如果希望原物料存貨的儲存不接地，就必須使用「棧板」。以前的「棧板」是用木質的，用久了會蛀、會爛，目前的「棧板」已經都用所謂「一體成形」的塑膠質，注射成形的，各種顏色隨著客戶的喜歡可以訂製。

2.不靠牆：倉庫內的存貨靠牆的後遺症和上述的「不接地」相同，雖然沒有那麼嚴重，但是，到底餐飲業賣的是吃，食材必須盡量保持新鮮，否則就賣不出去了。

3.不擠壓：有的原物料必須要通風才能保持物品的品質與新鮮，由於擠壓的結果，空氣沒有循環，偶而就會產生變質。

4.不妨礙出入及搬運：倉庫的物品一般均會置放於角鋼的棚架上，不應當擺置在通道上，除了會影響搬運之外，還會影響盤點。更會影響倉庫管理員的工作效率。

5.不阻塞電源開關、急救設備與照明設備：以上的這些設備對餐廳來講都是非常重要的基本設備，如果物品亂擺，以致於阻塞這些設備與開關的話，萬一發生了緊急事件，餐廳一定會付出很大的代價。

6.不可以阻塞或影響空調及降溫的循環：家中的電冰箱就是最好的例子，電冰箱的凍結室，如果塞滿了物品，以致降溫循環的出風口不產生作用，當然電冰箱的效果就差了。

7.先進先出的管制：在存貨管理上，「先進先出」是一般最基本的要求，但是，往往由於使用人員的疏忽，而造成不必要的損失。如果要確實的作到「先進先出」的目的，首先就是倉庫管理人員必須作到進貨的「翻堆」。也就是，在每一次貨品入倉庫時，就必須調整貨品的儲存位置，讓取用物品時可以依序領出，就可以輕易的達成先進先出的原則了。

(五)依照實際的需要，設立備品庫

這裡所謂的「備品庫」，是在指除了主倉庫之外，設立一間比較小型的倉庫，它的儲存量大約只夠廚房當日所需。因此，在觀光大飯店或一般大的餐廳，為了方便起見，也為了作業流程的減少，於是就在營業現場或是在廚房內設置了一間小型的冷凍冷藏庫，每日由使用單位領取一日之所需物料，由對使用單位來講，是一種很方便的也很有效的方式。又例如在大飯店，飯店一定有一間大倉庫儲存客房部的客用備品，但是為了提高工作效率，以及節省人力，都會在每一個客房樓層，設一間備品室，以為每天清理客房時，補充客房備品之用。

二、各倉庫管理員的職責

(一)觀光大飯店中的倉庫種類

旅館業所謂的原物料存貨管理，應當採取更廣義的說法，倉庫存貨，不只是在指食品或是飲料，也包括了客用品、清潔用品、紙張用品、工程用品、生財設備等，因此在大飯店的倉庫，就不是只有冷凍、冷藏庫而已。茲舉例說明在觀光大飯店中常見的倉庫：

1.冷凍庫：大都存放生鮮食品。

2.冷藏庫：存放生鮮食品，不過依照食材的特性及需要，因此放在不同的溫度下。

3.飲料庫：可以分為下列三類：

(1)為紅、白葡萄酒或香檳酒而設立的：溫度應當保持在攝氏18度以下。

(2)一般的烈酒、啤酒、國產酒或不含酒精的蘇打飲料：例如白蘭地、可樂、汽水等，只需要置放於常溫即可。

(3)為了大型宴席而設立的因為大型的宴席常常消費者會要求其飲料是冰過，尤其是在夏天。因此一些大飯店基於生意上的需要，就設置了這個特殊的飲料倉庫。

4.一般倉庫：儲存的貨品，包括清潔用品、紙張用品、客用品、文具印刷用品、工程用品。由於工程用品比較專業，一般的倉庫管理的認知不足，因此有些大飯店就將工程用品專門設置一個獨立的倉庫。就是所謂的「工程用品倉庫」，也因為必須要對工程用品有專業的認知，所以這些大飯店也就把工程用品倉庫歸給工程部直接管理。

5.生財設備倉庫：儲存貨品包括瓷器、玻璃器皿、銀器、布巾類等四類。也必須視餐廳或是飯店的規模而定，如果擁有的餐廳不只一家，甚至還有超大的宴會廳，則一定需要一間獨立的生財設備倉庫。如果是大飯店，客房間數很多，超過500間以上，則還會單獨的設立一間「布巾類」的倉庫。

6.南北什貨倉庫：這間倉庫只儲存南北什貨的貨品，一般的觀光大飯店像凱悅大飯店或是來來大飯店以及晶華大飯店由於他們的餐廳超過十間以上，所以特地把南北什貨單獨的設立一間倉庫，以方便管理。

(二)存貨管理的職責

為了要使儲存於倉庫的存貨設備與物料，能夠達到有效的使用與安全性，以便建立良好的處理程序，茲將存貨管理的職責說明如下：

1.掌管財物用品及食品、飲料的儲存。

2.控制並核對庫存原物料的發放。

3.對於儲存物品數量上的彙總、統計與分析與報告。

4.負責協調存貨盤點的工作。

三、 存貨作業的管理

爲了餐飲業產銷的特殊性質，特地把存貨管理區分爲「物與料」兩種。

「物」就是指生財設備，其內容包括有瓷器、玻璃器皿、銀器，與布巾類等，餐廳的經營者，總是希望它們的回轉越慢越好，以便破損率的減低。

「料」就是指食品原料，周轉率越高，表示生意越佳，營業收入也越高。

爲了減少破損與降低浪費，也爲了存貨存放的安全與整齊有序，因此對於物料的進出均必須加以管制。茲將存貨作業管理的主要內容說明如下：

(一)物料的收與發

當物料驗收完畢後，食品原料生鮮的部份，直接進入廚房，以爲今天營業所需。而南北什貨就進入倉庫保管備用。任何一種物料都應當有其單獨的料號、規格、單位，以及收、發、存的數量，必須要這三種數據，可以用三種不同的顏色記錄以便作區別之用。

物料發放時，將依照先進先出的存貨記錄系統，確實讓每一項物料都能作到先購進來的物料先發放使用。以避免存期過久的物料變質、腐敗。

最滿意的庫存就是有足夠的存量，又稱爲「基本存貨量」。而在預防不可預測的營業量發生，所保持的最低存貨量，稱之爲「安全存量」。其主要的支應情形有下列兩種：

1.在食物原料訂購的期間，由於季節性的缺貨，交貨日期發生延誤的情況，而且需要用的原料並沒有減少，甚至於有時還會增加，然而在原料還沒有達到前，仍然有安全存量可供使用，才不致於供餐不繼。

2.購入的原料如發生有些瑕疵，就把這批貨品退貨，因爲設有安全存量，所以仍然能夠確保餐廳營業時的正常供應。

「物料的發放」，應當由使用單位例如廚房、餐廳、酒吧等，填寫領料單，經由公司規定的有權人簽字之後，才派員去倉庫領取所需之物料。而倉庫管理員就是憑此「領料單」才准予發放物料。但是，發放給廚房的物料，原則上只發放每日的必要量，尤其是比較昂貴的南北什貨，例如鮑魚、魚翅等罐頭類。

每天應當按照類別彙總，記錄出庫物料的價格及單位別，予以計算合計，然後記入單位的存貨帳。

倉庫管理員將各項原物料的「驗收」入庫當作「進貨」，將「領料」當作各使用單位的「成本」。而以期初存貨＋進貨－期末存貨＝銷貨成本的公式，求得各項原物料的「期末存貨」數字。而倉庫管理員就可以憑這個數據，作爲每月月底的存貨實際盤點的帳上數字。也可以不定期的實施存貨實際盤點，以杜絕偷竊或浪費等之流弊。

(二)帳卡的管理

在傳統的會計作業系統中，存貨中的每一項原物料，都應當建立一張帳卡。由於帳卡是活頁的，因此當公司的會計人員去稅捐處報備帳冊的時候，必須在每一張存貨帳卡上蓋有稅捐處的章，否則將違反稅法的規定。

而這種帳卡管理的目的，是爲了要發揮確實的帳務，而達到成本控制的目的。

原物料驗收時有「驗收單」，發放時有「領料單」，而且必須填寫正確以及有相關主管的簽字才可以發放。另外，物料在各單位間移轉的時候，也必須填寫「移轉單」，轉貨也轉帳。如此財務部在計算各餐廳的食品成本時，才能計算出正確合理的數字。

(三)料的存貨管理

食材的發放，是根據主廚所填寫的「領料單」，然而領料單上所填寫的數量多寡，卻有賴標準食譜及標準用量的釐訂。因此標準食譜不但有利於採購定量，對於存貨管理也有很大的功效。

1.食品的存貨管理

(1)蒐集並且核對所有的驗收單、領料單、發票、退貨單以及請購單、採購單等。

(2)核對所有上述單據中的數目字。

(3)核對所被核准的折扣數字。

(4)核對採購單並將其放入卡片帳簿中。

(5)管制周期性的存貨。

(6)定期清點裝貨的空箱或容器，並且列帳以便回收。

(7)定期清點庫存的食品，並與期末存貨的帳上餘額作相互的比對。

(8)製作盤點報告及盤點差異報告。

2.飲料的存貨管理

(1)表單的核對：核對並結算驗收單、退貨通知單、發票以及驗收報告表。

(2)數字的核對：核對所有上述單據的數目字。

(3)折扣的核對：核對已經被核准的正確折扣。

(4)帳冊的登錄：驗收單等文件核對後，分別登入飲料「進貨」帳中。

(5)飲料存貨帳在會計系統上是實帳戶，必須保持永久而且連續。

(6)必須隨時作好經常性的「空瓶回收」費用帳。

(7)編製可以退費的空瓶或空箱清單，包括空瓶、酒罈、紙箱等。

(8)製作期間性的存貨清單，以便供應定期和永久而連續性的飲料存貨帳相互的比較，並且提供飲料管制報告之用。

(9)編製存貨盤點報告，內容包括貨品的種類、價值、存貨發出的流動率等。

(10)每天都要編製一份飲料盤點管制報告，詳列當天各餐廳或各酒吧的營業量和營業收入。

(四)物的存貨管理

1.餐具類或布巾類應當設有破損率：例如在餐廳，它們的破損率大約是營業收入的1%～1.5%，也就是，如果餐廳的營業額每年是一億，那麼這家餐廳生財設備每年的破損金額就在100萬到150萬之間。如果是大飯店，則它們的破損率將會比較低，大約是營業收入的0.6～0.8%，也就是，如果這家飯店的年營業額是一億，那麼這家飯店生財設備每年的破損金額就在60萬到80萬之間。因爲飯店的營業總收入中客房收入約占40%～50%之間，而客房的生財設備以布巾類爲大宗，它的破損率比餐廳的較爲低。所以加權的結果，一般大飯店的生財設備破損率要比餐廳的稍微來得低些。

2.物料存貨的「重置」：生財設備使用的結果，一定會有所破損，營業量越高，破損的機會當然越大，但是，任何餐廳或飯店對於生財設備都會依照公司所設定的經營目標來設定生財設備的存貨量的標準。例如觀光大飯店，布巾類大多設定的標準爲三套，一套在房間內使用中，一套換洗中，一套在倉庫中。而爲了保持飯店所設定的服務水準的需求，當有破損的情況下，必須「重置」補充到原來的標準量，才能符合飯店的所設定的服務水準。

3.破損報廢手續：首先要報請單位主管的核准，原則上如超過破損率的標準者，使用單位或使用負責人應當負賠賞的責任，才能杜絕生財設備數量流失的弊端。

4.防止列管物品的損失：應當加強監督，例如櫃子加鎖，門禁管制攜出，生財設備倉庫，當領物出庫時，必須憑申請單才予以發放，以建立完善的存貨管制的制度。凡是任何存貨均列管有帳卡，損耗報銷有根據，才能養成員工愛護公司財產、保養重於修護、修護重於購置的心態，使財物發揮最大的功效。

(五)存貨實際盤點

1.存貨盤點的功能：盤點是倉庫管理人員及使用單位在原物料管理上非常重要的一項工作，因爲，盤點後的數據可以提供給倉庫管理人員在庫存管理上面很多的參考資訊。茲將存貨盤點的功能說明如下：

(1)可作爲財務部記帳的依據：存貨盤點本來就是財務部的工作項目之一，有稽核與記帳兩項功能。

(2)可作爲存貨差異與產能控制的依據：對於營業單位希望能了解營業期間，各項產品或物料的周轉率是多少？精確的存貨盤點是有必要的。

(3)可作爲採購訂貨的依據：當採購人員要採購貨品或訂貨時，該項物品過去的耗用情形及現有的庫存資料是必要的參考資訊之一。此一資訊也必須是經由盤點之後的數據計算而來的。

存貨盤點數據之正確性，是盤點工作中最重要的目標，不正確的數字，會讓相關的主管人員作出錯誤的決策，因此當盤點工作進行的時候，必須仔細、耐心、翔實。

2.存貨盤點作業的規定：存貨盤點就是對公司存貨帳的稽核，由此可以知道今後的管理對策。所以存貨盤點在工作的要求，第一：要徹底、確實、迅速。第二：要追求與分析發生差異與錯誤的原因，因此在執行上要求注意的事項有下列幾點：

(1)物料的編號、名稱必須與帳冊相符合。

(2)物料的單位與數量要作確實的清點。

(3)物料的品質要求按性質必須妥善的保護。

(4)物料的規格與存放位置與帳面所註明的確實相符合。

(5)物料存貨量不可以超過最高存貨量或最低存貨量的基準。

每月月底的存貨盤點，將有助於各單位當月份食品成本或用品費用的計算資訊。

進出物料的帳目必須確實，報表憑證要迅速，所以有存貨帳卡的登記入帳、收發日報表等，其內容包括收發物料的編號、名稱、規格、單位、收發數量等。

月結存貨盤點明細表的內容爲，期初存貨、本期進貨、本期領出量、期末存貨、單價、與金額等。

實際存貨盤點作業，一定要在財務部的監督下進行，每個月底財務部應清點實際的存貨並與帳上的存貨帳戶核對，同時還需編製一份存貨盤點差異表給總經理。

任何貨品在倉庫內存放超過九十天以上，就被視爲「呆滯存貨」。保管組主任，應當每月編製一份「呆滯品存貨報告」交給相關的主管，包括餐飲部經理及行政主廚，以便他們設法去處理或消耗掉這類呆滯品的存貨，以免長期存放所造成的變質與腐敗或損失。

3.料的盤點

(1)食品的存貨盤點

A.確定倉庫中食品存貨的總值：如此可以顯示出倉庫內的食品存貨是否太多或太少，以及倉庫內食品存貨的總金額是否符合本餐廳的財務政策之要求？是否積壓太多的資金？是否需要適當的調整庫存。

B.可將某項食品的使用率與營業額作分析比較，從而評估其獲利的情況。

C.可以防止損失及偷竊。

D.可以將某一特定時期的實際存貨價值和帳面存貨價值相互的比較，可以很明顯的看出任何差異之處，以及倉庫管理的工作效率。

E.檢核出使用率不高的食品，從而提醒採購人員及主廚等注意，並作爲淘汰的依據。

F.確定各種存貨的使用率，並且適時的檢查其使用或食用期限是否過期。

G.存貨盤點表，應當印製成一種標準的格式，而其編排必須和各個倉庫所在存貨項目的位置順序相配。這樣方可使存貨盤點工作，作起來輕鬆、快速而有效率，而且不容易遺漏。

(2)飲料的存貨盤點

A.確定倉庫中所有的飲料的總金額，用以評估飲料存貨量是否適當，而且符合餐廳的財務政策及營業方針。

B.比較在某一時期的飲料存貨實際價值與帳上的金額相符合。

C.比較飲料成本及飲料收入，以便計算其毛利率。

D.可以防止失竊以及檢查內部控制的系統。

E.可以依據盤點資訊，查明一些銷售量太低或回轉太慢的飲料，並考慮予以淘汰。

F.確定存貨出入的流動率。

G.根據一些統計的資料，飲料存貨的平均庫存量大約是兩個月的使用量，也就是飲料存貨年周轉率大約是6。而如果不能達到這個標準，就得進行檢查每一品牌飲料的存貨周轉率，以便早一點發現何種飲料的周轉率太低，而採取必要的措施。

(3)物的存貨盤點

用品存貨的盤點，每月一次，生財設備的存貨每三個月盤點一次。勤加盤點，追究損失原因與責任，以避免人爲惡意損壞或偷竊等的情事發生。

四、倉庫的規劃

餐飲業的倉庫儲存設施所占的面積，隨著餐廳規模的大小而有所不同。但是，一般而言，應有倉庫儲存設施總面積的30%，是用於冷凍冷藏庫，其餘70%則用於南北什貨及用品的儲存。

茲將餐飲業的倉庫設備說明如下：

（一）冷凍庫

從業人員可以直接走進去儲存或拿取物品的冷凍庫。溫度應保

持在攝氏零下18度以下，爲了確保倉庫內的原物料的新鮮，因此應當每隔兩小時，檢查一次，看看它的溫度有否保持在零下18度。而爲了檢查上的方便，在購置冷凍庫的當時，必須向廠商交待，裝設一個從倉庫外，就可以看得到的溫度計，這個溫度計的感溫銅線是直接通到倉庫內的關係，所以不需到倉庫內檢查。

主要儲存肉類、海鮮類、冰淇淋、特殊的冷凍水果、冷凍蔬菜。爲了保障倉庫內原物料的新鮮，應當注意下列的事項：

1.冷凍庫的大門應當隨時緊閉，以保持倉庫內的生鮮食材之新鮮。
2.走道不可以太窄。
3.應當設置物架，將物品分類放置。
4.鑰匙最好有專人保管。

（二）儲存的冰箱

依據餐廳每日營業額來推算應當儲備的數量，這個冰箱是置放在廚房內，以便節省往還於廚房與餐廳大冷凍庫的時間。

（三）一般倉庫

主要儲存生財器皿、清潔用品、紙張用品、客用品、南北什貨、布巾類、瓶裝飲料等。規劃這種倉庫時，應當注意下列事項：

1.倉庫內溫度不可以太高。
2.室內應當注意通風設備與除濕設備。
3.倉庫內的走道盡量寬些，作業上也可以方便些。
4.應當設置物架，將物品分門別類的放好。
5.規劃時，對於防火、防鼠、防盜，及專人保管鑰匙等事項都必須考慮。

第四節　導致食品成本增高的原因

由於儲存不當而導致食品成本增高的原因，可歸納如下：

一、儲存的位置不當

例如將油、蛋，以及牛奶擺的太靠近起士，或魚類等氣味很重的食品。當然它們的清新感與新鮮感都會不見，甚至會讓消費者認爲這家餐廳的菜餚有問題，當然就會影響營業收入，間接的就會影響食品成本了。

二、儲存的溫度及濕度不當

依照食材的實際需要，必須按照不同的溫度來儲存，否則食材就容易腐敗，尤其是生鮮的食材，例如生鮮的肉類、海鮮應該置放於冷凍庫，蔬菜、水果則應當放置於冷藏庫。

三、進倉的食品沒有作到每日巡查的工作

當食品一進入倉庫尤其是冷凍庫及冷藏庫，倉庫管理員必須每兩小時定時的檢查倉庫的溫度是否如預期的正常溫度，例如冷凍庫必須保持在「攝氏零下18度」；而冷藏必須保持在攝氏5度左右。否則倉庫內的食材很容易腐敗，或產生異味，當然就無法作爲提供營業之用了。

四、乾料倉庫以及冷凍冷藏庫不夠衛生

倉庫如果不能常常保持衛生，則容易產生霉菌也容易有蟑螂，食材自然就產生家中電冰箱常常有的怪味道。

五、倉庫發生偷竊的行爲

這點不用多加解釋，存貨短少了但是沒有營業收入，當然食品會增高。

六、滯銷貨品沒有定期的報告

也許旅館或餐廳的財務部都有實施存貨盤點，但是也許盤點的結果也沒有盤盈或盤虧的情事發生，就表示盤點的工作完成，但是實際上，在食品倉庫中的存貨可能就已經存放了很久，如果不趕快處理，則一過保存期限就只好報廢，因此滯銷品的報告是非常重要的一件事，它將影響食品成本的增高甚大。

七、沒有實際盤點及永續盤點的制度

實際盤點，顧名思義，就是定期的如每月實際的到倉庫盤點，查驗是否倉庫的存貨到底在不在。而永續盤點的意思就是倉庫的每一項貨品都有帳卡及料號，並且進出都有詳細的記載，有了它的彙總，就會變成公司財務報表中的存貨帳，實際盤點時則是以它作為標準，查驗實際盤點出來的各項貨品數字是否與帳上相符。因此，如果一家餐廳都沒有以上的制度，當然就無從知道存貨的存確性，當然食品成本也就莫名其妙的增高了。

八、保管組人員對食品的存放沒有責任感

前面的章節曾經提及，食品都是有其保存期限，因此任何一批新的存貨進來都必須作「翻堆」的動作，為了達到存貨的「先進先出」。另外，食品存貨的大忌中也曾提及「不接地、不靠牆、不擠壓」，如果倉庫管理人員不能做到上述的幾點，自然食材就很容易腐敗，食品成本自然增高。

九、領料與發貨的責任不明確

必須要確立廚師請領用品的權威，使其重視職。因為在旅館的

倉庫常常發現餐廳廚房每每叫小弟到倉庫領取南北什貨，由於小弟沒有經驗，往往就拿錯了貨，變成存貨短缺及多出。例如小弟去拿醬油，廚師要的是味全醬油，但是小弟以為只要是醬油就對了，因此拿了金蘭醬油。所以在盤點時，該有的不見了，不該有的多出來了。而簽字樣章的目的就是要主其事的大廚師，親自簽字之後，倉庫管理員看到有大廚師的簽字才會將倉庫的貨品交給小弟。如此就不會發生上述情事。

十、對於出倉的食品缺乏控制及記錄

如何執行「實際盤點」，又如何得知這項貨品已經快沒有了，應當補貨，否則廚房就無貨可用了。以上的種種當然會影響食品成本的增加。

十一、對於出倉食品的時價沒有提醒大廚師

基於一些原因，某些食品突然高漲，如果能夠適時的提醒廚師，他們可能就會暫時不出這一導菜餚，或是適當的提高售價。否則食品成本一定會相對的提高。

十二、應該出倉的食品未被領出

例如食品已快到保存期限了，如豆腐、牛奶等，保存期限都很短，必須要特別注意，不然報廢率一定很高。

問題與討論

1.試述海鮮類的儲存法。

2.試述肉類的儲存法。

3.試述蔬菜類的儲存法。

4.試述水果類的儲存法。

5.試述穀類食品的儲存法。

6.試述調製食品的儲存法。

7.試述蛋類的儲存法。

8.試述酒類的儲存法。

9.經由廚師送入冷凍冷藏庫的食品，應當注意那些事項。

10.試述酒類儲存的場所，應當注意的要點。

11.試述食品儲存的大忌。

12.試述儲存與倉庫管理的原則。

13.試述在食品入庫中，導致食品成本增高的原因。

14.試述在食品發放中，導致食品成本增高的原因。

第八章 廚房作業管理

餐飲業的廚房乃是商業性的廚房，它彙總了「準備、加工、烹調」等功能的場所，所以作業起來相當的繁雜，再加上廚房本身內部經常的濕熱、高溫，所以其辛苦非外人可以領會。

因此廚房作業除非能夠妥善的管理，不然運作的過程中就很容易出現安全、衛生等問題，而導致損及餐廳的營業與形象，相對的也會影響食品成本的增高。

另外，廚房的作業管理，必須首先確定廚師的工作職掌與他們的作業流程，才能發揮整個廚房的作業績效。

還有，餐具管理以及廚房的清潔作業，也是廚房作業管理中不可或缺的要點工作，廚房因烹調食物時，工作環境的溫度會較外場高出很多，原料的清洗、廚房的清理、如果有所疏忽，就會導致髒亂，而成爲病媒的溫床，因此我們必須讓所有每一位廚師都能深入的了解它們的嚴重性，並且要他們徹底的實施公司的規定，才能將複雜的廚房作業導入正軌，以便和前場一起擔負餐廳的營業目標。

第一節　廚房從業人員的工作職掌與作業流程

一位稱職的廚房從業人員，不但必須了解菜餚的調配、製作，更必須懂得如何與其他部門主管合作，例如餐廳經理、宴會廳經理，以及與其他部門的相關從業人員打成一片，而共同致力於餐廳菜式及服務的改進，以求餐廳營業的增進。

茲將各廚房從業人員的工作職掌與作業流程敘述如下：

一、廚房從業人員的工作職掌

(一)主廚的工作職掌

1.負責菜單的製作以及食譜的研究創新。

2.擬訂每日菜單的各項食品的訂價。

3.檢查食物烹調及菜餚的準備方式是否正確。

4.檢查採購部進貨的品質是否合乎要求。

5.檢查每項菜式的標準份量，是否與標準食譜上所規定的相符合。

6.必須經常與各部門的主管聯繫協商，例如宴會部經理，餐廳經理等。

7.負責廚房人事的任用以及調配。

8.負責廚房新進員工的訓練及考評。

9.參加例行的餐飲部會議。

10.主廚是直屬於餐飲部。

(二)副主廚的工作職掌

協助主廚督導廚房的工作，任務大致上與主廚相同。

1.廚師的工作職掌

2.負責烹調各項菜式的工作。

3.各種宴會的布置與準備。

4.工作人員的調配及考核。

5.檢查廚房內的清潔、衛生及安全。

6.申請領用一切廚房內所需的用品。

7.爐前的煎煮工作。

8.直接向主廚負責。

(三)點心師的工作職掌

1.負責製作及供應餐廳的所有麵包類。

2.負責製作及供應餐廳的甜點類。

3.蛋糕及特訂的點心類烘培。

4.申請領用一切點心房的所需用品，以及製作的原料。

5.直接向主廚負責。

(四)切肉師的工作職掌

1.各種菜單上有關海鮮或肉類的準備工作。

2.烹調前的切剖工作。

3.食材調配工作。

4.申請及領用所需的用品。

5.直接向主廚負責。

(五)助手的工作職掌

1.搬運及清理的工作。

2.準備及遞送的工作。

3.收拾剩品及整理的工作。

4.副食品及布置品的布置工作。

二、 廚房工作時間流程

廚房工作時間，大都與餐廳的服務人員的工作時間相同，是採用輪班制的方式，有的是兩頭班，也就是早上約十點來，晚上約十點下班，中間有空班。也有的是早、中、晚三班制。一般在觀光飯店的餐廳，只有提供午餐及晚餐的餐廳，則是採用兩頭班。如果是咖啡廳，營業時間從早上的六點到清一點左右的。則採用三班制。茲將工作時間流程說明如下：

(一)早上9：30～10：00

1.工作人員：驗收人員。

2.工作項目：送貨、領貨、驗收。

3.注意事項：確保採購的食材之品質，物料不可以隨便堆置，應該分開排列，並且及早進入冷凍及冷藏庫。

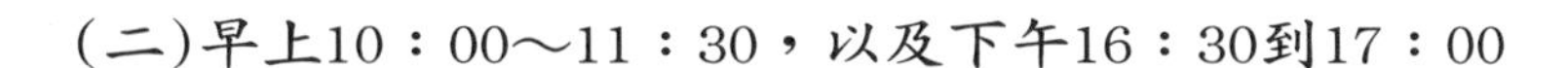

(二)早上10：00～11：30，以及下午16：30到17：00

1.工作人員：砧板師傅及助理人員。

2.工作項目：食材的清洗、洗菜、切菜等。

3.注意事項：應當注意水質的衛生。

(三)早上11：30～12：00，以及下午17：00～17：30

1.工作人員：助理廚師。

2.工作項目：備菜。

3.注意事項：協同主廚掌握菜式的質和量。

(四)下午12：00～14：30，以及下午17：30～20：00

1.工作人員：廚師包括主廚。

2.工作項目：烹調食物。

3.注意事項：依據點菜單上的項目烹調食物，務求刀工要細緻、份量要準確、口味要正宗，使每一道菜都會受到顧客的好評。

(五)下午14：30～16：30，以及下午20：00～22：00

1.工作人員：清潔人員。

2.工作項目：清潔廚房。

3.注意事項：清洗砧板、刀子、工作檯、抹布、鍋子、爐具、餐具等。必須確保廚房的環境清潔與衛生。

第二節　器皿設備管理

餐具是餐廳的「生財設備」，能夠幫助及提高餐廳菜式的附加價值，日本料理在這一方面的表現最爲突出，也最讓人稱道，它將食材適當的擺置在高雅的器皿上，讓消費者有「物超所値」的感覺。

而餐具管理的目的，在協助餐廳有效的使用餐具，並且減少餐具的破損以及遺失。以便降低餐廳的營業費用。每季定期「生財設備」的盤點，其記錄也可以作爲預算計劃的依據，並且根據盤點紀錄，可以擬定控制破損、「重置器皿設備」定期結算等管理措施。

一、分類

(一)西餐用的瓷器類

1.10到13英吋大盤：消費者在用餐前，桌上擺設用的。

2.10到11英吋餐盤：裝主菜用的。

3.8英吋點心盤：可以裝點心，也可以裝沙拉。

4.6英吋麵包盤：可以裝麵包，或者是其他用途的底盤。

5.湯碗以及底盤：在西餐，通常是一整套的。

6.奶盅：可以裝咖啡用的鮮奶或是奶油。

7.糖盅：裝咖啡用的糖。

8.穀類碗：在早餐時，是用來裝穀物或沙拉。

9.咖啡杯及底盤：通常是一整套的使用。

10.茶杯及底盤：通常是一整套的使用。

11.濃縮咖啡杯及底盤。

(二)中餐用的瓷器類

1.16英吋大圓盤：通常是在酒席時裝魚翅或大菜用的。

2.14英吋大圓盤：通常也是在酒席時裝大菜或裝水果用的。

3.10英吋大圓盤：酒席時是用來裝四熱炒前菜用。在小吃方面也常用到這種大圓盤來裝菜用。

4.16英吋橢圓盤：通常在酒席時裝魚或大菜用。

5.14英吋橢圓盤：通常在小吃時用來裝魚或主菜。

6.10英吋橢圓盤：小吃裝菜用的。

7.9英吋橢圓盤：也是小吃裝菜用的。

8.6英吋骨盤：擺在顧客的面前裝菜用的。

9.醬油碟：擺在顧客面前裝醬油、辣椒醬、芥末等用的。

10.湯匙：通常是提供給顧客喝湯用的。

11.魚翅盅：裝魚翅或特製湯類用的。

12.小湯碗：用來裝湯的。

(三)飲料用的玻璃器皿

1.高杯（High Ball）

2.可林酒杯（Collins）

3.傳統式酒杯（Old Fashioned）

4.雪利酒杯（Sherry）

5.酸雞尾酒杯（Whisky Sour）

6.白酒杯（White Wine）

7.紅酒杯（Red Wine）

8.香檳杯（Champagne）

9.雞尾酒杯（Cocktail）

10.水杯（Water Goblet）

11.啤酒杯（Beer Glass）

12.果汁杯（Juice Glass）

13.白蘭地酒杯（Brandy Ingaler）

(四)餐點用的玻璃器皿類

1.玻璃烤盤器皿（Glass Ovenware）

2.沙拉碗（Salad Bowl）

3.冰淇淋和甜點器皿（All Kinds of Fancy Glass for Ice Cream &Dessert）

(五)中空器皿（Hollo Ware）

1.咖啡壺（Coffee Pot）

2.茶壺（Tea Pot）

3.起士板（Cheese Holder）

4.芥茉罐（Mustard Pot）

5.蔬菜盤（Vegetable Dish）

6.肉類盤（Meat Dish）

7.魚盤（Fish Dish）

8.冰酒桶（Wine Cooler）

9.田螺盤（Escargot Dish）

10.洗手碗（Finger Bowl）

11.糖罐（Sugar Bowl）

12.奶水罐（Cramer Bowl）

13.托盤（Serving Tray）

14.雞尾酒缸（Punch Bowl）

15.醬料船（Sauce Boat）

16.燭台（Candle Holder）

17.冰桶（Ice Bucket）

18.水壺（Water Pitcher）

19.湯盅（Soup Tureen）
20.保溫鍋（Chafing Dish）
21.烤盤（Flamer Pan）
22.鹽罐（Salt Shaker）
23.胡椒罐（Pepper Shaker）

(六)銀器類（Silverware）

1.湯匙（Soup Spoon）
2.雞尾酒叉（Cocktail Fork）
3.晚餐刀（Dinner Knife）
4.晚餐叉（Dinner Fork）
5.甜點匙（Dessert Spoon）
6.甜點叉（Dessert Fork）
7.魚刀（Fish Knife）
8.奶油刀（Butter Knife）
9.茶及咖啡匙（Tea & Coffee Spoon）
10.魚叉（Fish Fork）
11.龍蝦撬（Lobster Cracker）
12.刮麵包屑（Crumb Scraper）
13.蠔叉（Oyster Fork）
14.田螺夾（Escargot Tong）
15.田螺叉（Escargot Fork）
16.起士刀（Cheese Knife）
17.龍蝦叉（Lobster Pick）
18.甜點夾（Pastry Tong）
19.甜點盤（Pastry Server）
20.雞尾酒杓（Punch Ladle）

21.公匙（Serving Spoon）

22.公叉（Serving Fork）

23.咖啡杯匙（Demitasse Spoon）

二、器皿洗滌

食物的中毒或經由口而傳染的病菌，餐具往往是扮演傳播的主要媒體。所以任何餐廳提供清潔衛生的餐具是提高服務品質的基本條件，當然也是，確保飲食衛生的方法之一。而清潔衛生的餐具必須建立在具有完善洗滌及保存的管理系統之下。

(一)原則

在台灣的餐飲業，他們的餐廳廚房本來就不大，而又希望能以最小的空間，將餐具洗滌清潔，甚至於能保持乾淨，不再遭受二度的污染，這是一種很大的挑戰，因此洗碗區必須要有很好的規劃設計。茲將其規劃的原則說明如下：

1.根據營業量，空間的大小，應當能夠提供洗滌餐具的使用。

2.餐具的進出路線不可以重複，以便防止已經洗滌乾淨的餐具再度受到骯髒的餐具污染。

3.廚房的洗碗區，應當設置在污染區內，而清洗乾淨的餐具則應該放置在清潔區內。

(二)清潔劑的選擇

無論洗滌那些東西，洗滌時必須要先認清楚洗滌物的種類、材質，以及污染物的性質。而洗滌力是指將洗滌物與污染物分開的能力，也就是所謂的「洗淨力」。但是，因爲污染的物品不同，因此它的附著力也會有所差異，所以洗滌的作用力量，必須大於污染物的附著力量，才能將洗滌物充分的清洗乾淨。因此選擇正確的清潔劑，對於是否餐具會洗得非常乾淨是很重要的因素。

1.清潔劑的種類：一般的洗潔劑它的酸鹼值「PH」以9.3～9.5之間最好，而依照使用時溶液的酸鹼度，可以分成酸性、中性、弱鹼、鹼性、及強鹼五種清潔劑。

(1)中性清潔劑：主要用於毛、髮、衣物、食品器具及食品原物料的洗滌，或是物品受到腐蝕性侵蝕時使用的。中性洗潔劑對人體皮膚的侵蝕及傷害比較小。

(2)鹼性清潔劑：包括弱鹼、鹼性及強鹼性的清潔劑，主要是以中性清潔劑無法或不易除去的物質爲洗滌的對象。例如蛋白質、燒焦物、油垢等。鹼性的清潔劑，它的洗淨力強，但是具有強烈的腐蝕性，對人體的皮膚傷害很大。常常拿來作爲這類的清潔劑者有下列幾種：

A.碳酸鈉：就是俗稱的「大蘇打」。

B.碳酸氫鈉：就是俗稱的「小蘇打」。

C.氫氧化鈉：就是俗稱的「苛性鈉」。

(3)酸性清潔劑：主要是用來洗滌器皿的表面、設備的表面，或是鍋爐中的礦物質，例如鈣、鎂等的沈澱物，這類的清潔劑具有氧化的作用，能夠分解有機物的能力，包括有機酸和無機酸兩種。常常被拿來當作酸性清潔劑的有下列幾種：硫酸、硝酸、草酸及醋酸。都具有強烈的腐蝕性，會傷害人體的皮膚。因此使用時必須非常小心。

2.合適的清潔劑的特性：由於每一種的清潔劑它的性質不同，所能清洗的污物也不同，甚至於洗滌物表面性質的不同，所用清潔劑對必須要有所選擇，否則表面可能洗滌過後，就會毀損了。因此合適的清潔劑應當具備下列的一些特性：

(1)脫膠性：能夠使污物不會凝聚。

(2)乳化性：能夠使油脂乳化。

(3)濕潤性：能夠使污物附著在表面上的張力降低，使水能容易的滲透進去。

(4)分散性：能夠使污物均勻分布於清洗液中。

(5)溶解性：能夠使食品溶解掉，尤其是蛋白質。

(6)軟化性：能夠使硬水軟化。

(7)緩衝性：能夠使清洗的溶液保持中性。

(8)無刺激性：不會刺激皮膚。

(9)安全、無毒：應當是不會危害人體。

(10)洗滌性：易於漂洗的。

3.清潔劑的使用須知：理想的洗潔劑必須如前面章節所述的，但是，絕對沒有一種清潔劑是能夠完全符合所需。因此，在選擇或調配清潔劑時應當要了解下列的各種要點：

(1)各種清潔劑的性質。

(2)清洗的方式。

(3)使用的對象：例如污物或洗滌物的性質。

(4)使用上以及管理上的困難與否。

(5)成本。

(6)洗淨度的要求。

一般來說，對於縫隙、角落，以及粗糙的表面之清洗總是比較的困難，而且效果也比較不顯著。因此即使大部分的污物已經清除了，但是，從細菌學的觀點來看，並沒有完全達到要求。所以，如果要將細菌數降到適當的程度，除了用水清洗外，還必須要用消毒來補強，才有辦法做到。

(三)器皿的洗滌程序

一般餐飲業的器皿洗滌有兩種方式，一種為「人工清洗」，一種為「機器清洗」。茲介紹它們的洗滌程序如下：

1.人工清洗

一般餐廳的人工清洗餐具，都必須備有三槽式的洗滌設備，清洗餐具的基本流程如下：

(1)預洗：爲了達到有效的清洗，餐具於洗滌前應該作預洗的動作，首先清除餐具上的殘留菜餚，並且將相同的餐具放在一起，以便於清洗與放置。擦拭或用水沖洗，除了可以去除的固體污物之外，也可以沖去部份殘留的油脂性污物。

(2)第一槽「清洗槽」：將已經預洗過的餐具浸入第一槽內，使用清潔劑然後再用手或海棉或毛刷，將油漬以及可見的顆粒清除，另外，洗潔液的溫度必須維持在攝氏43度到50度左右，因爲這個溫度才可以促進污物的溶解，並且增加洗淨的效能。

(3)第二槽「沖洗槽」：將第一槽的餐具移入第二槽的溫水中，然後將其附著在餐具上的清潔劑沖掉，再將餐具放置在餐盤籃內，如此的作法在送入第三槽的時候比較方便。而第二槽的水必須保持溢流的狀態，使含有清潔劑的水往外流出，以維持清潔。

(4)第三槽「消毒槽」：將沖洗過的餐具浸入第三槽，這個槽內可能是熱水，也可以是化學溶液。

(5)滴乾：消毒過的餐具在放入餐具的櫥子內之前，應該先讓其風乾或滴乾水分，絕對不可以用布或者是用手巾來擦拭。

2.機器的清洗

(1)人工的部分

A.刮洗：將餐具上的雜物刮入垃圾桶。

B.預洗：利用不鏽鋼強力噴槍，來噴洗餐具。

C.懸擺：預洗後的餐具豎放於清洗籃，使餐具等的表面不積水。

(2)機器的部分：從洗滌到消毒以及乾燥都是在洗碗機內進行。但是，由於機器清洗的費用高昂，一般小餐廳以及一般團膳機構等大都無法負擔，因此他們也許可以利用銀行的貸款方式，或者是利用月租的方式，不需要一次付清，如此對於餐廳的資金運作而言，可能是一條可行的路。

機器的清洗種類很多，但是，一般分爲單槽式和輸送帶式兩種，茲分別說明如下：

A.單槽式清洗：一個固定的清洗槽，將裝滿餐具的清洗籃擺在清洗槽中，利用攝氏60度的溫度大約一分鐘左右的時間，就可以清洗完畢，它適合於小型的廚房用。

B.輸送帶式清洗：將清洗盤放在輸送帶上，輸送帶自動清洗盤移動到洗碗機內清洗，清洗完畢後再自動的移出來。比較適合大型的餐廳使用。

使用機器清洗最重要的也是最需要注意的是，一定要遵守正確的操作方法，並且清潔劑的份量也必須按照規定嚴格執行，則能夠達到既清潔又乾淨的目的。

(3)溫度的部分：機器清洗依據溫度又可以分爲下列兩種：

A.高溫清洗：水溫約在攝氏90度。採用這種方式，容易使廚房的溫度升高，廚房內會比較悶熱，但是，清洗的時間會比較短。

B.低溫清洗：水溫約在攝氏60度。採用這種方式，因爲溫度低，因此清洗起來比較不易乾淨，因此，時間比較長，而且必須添加比較多的清潔劑。優點是，廚房的溫度會比較低，對廚師來講工作環境當然會比上述的「高

溫清洗」方式好。

(四)器皿洗滌須知

在前面的章節我們曾經提過，餐具是傳染病媒的途徑之一，因此器皿是否洗滌乾淨，關係餐廳的營業非常的大，所以在廚房管理作業中，我們一再的提醒讀者，如何重視餐具的洗滌。茲將洗滌餐具的重點須知詳述如下：

1. 餐具洗淨並且經過有效的消毒後，餐具的表面就避免餐廳從業人員用手觸摸，並且保存在有防蟲、鼠設備的餐具櫥內。
2. 準備足夠的餐具，有缺角、裂痕、脫漆等的餐具應當丟棄，不宜再將之使用。因爲餐具的缺角、裂痕或任何破損的粗糙面是不容易清洗乾淨，而且容易藏污納垢，孳生細菌。
3. 刀具上面不可以有水漬，刀柄如爲中空式的，一定要緊記，裡面不可以積水，叉子的齒間不可以留有食垢，湯匙也不可以留有黑色漬或是鏽痕。
4. 洗淨後的餐具要避免用毛巾擦拭，餐具儲放的櫃子，應當每天刷洗，保持清潔與乾淨。
5. 生食與熟食的處理，應各用不同的砧板，使用後並且應該立即清洗，避免雜屑的殘留。清洗時，用中性的清潔劑洗刷，然後，再用開水燙過，才會達到高溫殺菌的目的，並且應當保持乾燥，以防止細菌的孳生。

(五)餐具的消毒須知

餐具經過清洗後必須經消處理，目的是爲了確保餐具的衛生，以保障顧客的安全。一般消毒的方式可以分爲物理及化學藥劑處理，而有效的菌方法有下列幾種：

1. 煮沸殺菌法：是以攝氏100度的沸水來煮餐具，如果是毛巾或是抹布則必須將它煮沸5分鐘以上，如果是餐具則只需要煮沸一分鐘以上就可以。

2.蒸氣殺菌法：是以攝氏100度的蒸氣來殺菌，如果是毛巾或是抹布等大約要加熱10分鐘以上，如果是一般的餐具則只要2分鐘以上就可以了。

3.熱水殺菌法：是以攝氏80度的熱水，加熱2分鐘以上就可以將餐具上的表面殺菌完畢。

4.氯液殺菌法：氯液的氯含量必須在百萬分之兩百以上「200PM」，將餐具泡在溶液內2分鐘以上就可以殺菌完畢。

5.乾熱殺菌法：是以攝氏85度以上的乾熱，但是必須持續加熱30分鐘以上，才可能把餐具完全殺菌。

第三節　廚房清潔作業

爲了維持廚房內的環境衛生，以及烹調食物讓顧客的感覺清新，廚房的清潔被列爲每日營業結束後的例行工作。

茲將廚房清潔作業詳述如下：

一、廚房作業的衛生標準

廚房作業的衛生標準的確見仁見智，基於認知上的不同，也基於訂價的不同，大都數的餐廳針對廚房清潔的要求就會有所差異，例如遠東香格里拉大飯店和外面的一般餐廳相比較，價位的確相差甚遠，但是餐廳的氣氛也大不相同。不過站在消費者的立場，餐廳不論大小，清潔與衛生的要求應當是一樣的。

三十年前消費者還習慣到傳統的菜市場買菜，但是三十年後的今天，大部分的家庭主婦，已經不到傳統菜市場了，原因無他，除了超級市場林立，以及各地都有大賣場的情況之外，超市及大賣場的衛生與清潔，是傳統市場無法比較的。

也基於人們生活水準的提高，對於飲食的要求，已經不是三十年前的只求溫飽，現在消費者追求的是健康飲食，營養又衛生。而餐廳的衛生必須要從源頭「廚房」開始作起，否則就是空談。

政府的相關單位，也越來越重視人們對於食品飲料衛生的要求，而陸續盼訂一些衛生管理，讓餐飲業者有所遵循。茲將政府所頒布的「公共飲食場所衛生辦法」中的一些主要項目敘述如下：

(一)廚房應當有良好的供水系統與排水系統

因為食材成為食物之前，原物料必須用水清洗；洗滌餐具也必須有大量的用水；每日營業結束的後，廚房的清理更需要大量的用水，而這些污水都必須迅速的排除，否則會讓廚房產生惡臭，當然就會影響顧客享用的菜餚之美味了。

(二)廚房應該與廁所及其他不潔處所有效隔離

廚房內不應該設有廁所，並且廚房的門與窗也不應當面對廁所。否則，廁所將會直接或間接的影響廚房的衛生安全。

(三)地面、天花板、牆壁、門窗應堅固美觀

除了廚房內的上下左右必須要保持清潔、乾淨之外，所有的洞孔、縫隙都應當填實密封，以免蟑螂、老鼠有隱身之處。如此就算餐廳每月有在實施消毒作業，效果也不見得會很好。

(四)應當裝置抽油煙機

這是廚房最基本的設備要求之一，然而，除了裝置之外，還必須定期清理抽油煙機上的油垢，並且所排放出去的的熱氣以及油污，也應該重視作適當的處理，千萬不能直接噴出，以致干擾到鄰居。

(五)工作檯以及廚櫃應當以不鏽鋼或鋁質的材質製作

因爲如果使用木質的工作檯或是廚櫃，日久容易腐爛，而孳生蟑螂。

(六)工作檯及櫥櫃下的內側以及廚房的死角應該特別注意清掃

一般餐廳對於廚房的清理，都只注意表面或是看得到的地方，甚至於將一些麵包碎片、菜葉、碎肉等都掃入工作檯下的死角，成爲老鼠、蟑螂的最佳糧食。而廚房的衛生清潔中也必須利用良好的工具，才能徹底的達到清潔的效果。例如購置噴槍，才能夠徹底的把死角內的垃圾清出。用掃把或是用一般的水管是很難清除乾淨的。

(七)食物應當在工作檯上料理操作

操作時應當將生、熟食物分開處理。一些廚房用具，包括刀、砧板等工具以及抹布等都必須保持乾淨衛生。

(八)食物應該保持新鮮、清潔、衛生

爲了保持上述的條件，應當於洗滌乾淨後，分門別類的以塑膠袋包緊，或裝在有蓋子的容器內，分別儲放在冰箱或是冷凍室內，另外，魚肉類在取用時處理必須盡量迅速，以免一再的解凍，就會影響到新鮮度，所以要確實作到不要將食物放置在常溫太久，所謂的太久，大概不要超過三十分鐘。

(九)易腐敗的食品應當放置於容器內冷藏

熟的食品與生的食品應該分開存放，並且爲了防止食品的氣味在冰箱或冷藏庫內擴散，或者吸收了冰箱的味道。例如牛乳、乳酪、豆腐、豆漿等很容易吸收冰箱內的氣味。所以應當把它密封儲存，並且備置脫臭劑或是燃燒過的木炭，將它放置於冰箱內，如此可以將臭味完全吸淨。

(十)調味品應當以適當的容器裝置

並且使用後應當立即蓋好，另外所有的器皿及菜餚，均不得與地面或污物接觸。理由是，在台灣潮濕的氣候中，如果調味品沒有妥善的蓋好，很容易就會孳生霉菌。

(十一)備置有密蓋的污物桶以及廚餘桶

餐廳的廚餘最好當夜就必須丟棄，不可以放在廚內過夜。萬一需要隔夜清除，則應該加以密蓋，而且廚餘桶的四周應當經常保持乾淨。

二、廚房設備的清潔要點

(一)砧板

1. 如果是木質的砧板，都沒有使用過的情況下，必須在使用前塗以水和鹽，或者是浸於鹽水中，使木頭的質地產生收縮的作用，能夠更堅硬牢固。
2. 使用後必須用清潔劑清洗，再用消毒液浸泡，最後用熱水燙過，或是讓它在陽光下曝曬，「因爲紫外線有殺菌的作用」。另外，如果能讓砧板兩面都接觸到風，讓它自然的風乾，那是最佳的辦法。
3. 爲了避免已經烹調過的熟食再受污染，砧板最好是準備兩種，一種是用來生食用，一種是用來處理熟食的。而如果砧板的傷痕太多，最好刨平再用。或者乾脆更換一塊，以求衛生、清潔上的安全。

(二)抹布

必須用清潔劑洗滌，沖洗乾淨後曬乾，當然也可以使用漂白水來洗滌。

(三)刀

1.爲了已經烹調過的熟食再次被污染，所以必須像砧板一樣，生食與熟食所使用的刀應當分開。
2.爲了保持及提高作業的效率，磨刀最好每周一次，並且至少每月保養一次。磨刀率與日常的保養是和刀的銳利頗有關係。
3.不常使用的刀子，應當經常保持乾燥，並且塗上沙拉油或是橄欖油以防止生鏽，然後再用報紙或是塑膠袋包好收藏起來。

(四)肉類的切割、絞碎等的機器設備

1.調理時所使用的一些設備或工具，例如切片機、碎肉機、油炸、燒烤、煎炒等烹飪設備等，都應當使用不鏽鋼的材質。
2.每日必須將其拆卸清洗，生鏽的部分可以使用含有15%硝酸的稀硝酸或是在市面上販售的除鏽劑如D4等。將鏽除去後再用清水洗乾淨。

(五)冰箱

1.在管理上如果有可能，應當按照內部貯存位置繪圖，標明食物的位置以及購入的時間。
2.應當盡量少開冰箱，最好是每天開一次而將所需要的食物一起取出，以便減少冰箱的耗電以及冰箱的故障率。
3.爲了避免食物的過期以及爲了保持食物的鮮度，冰箱最好每周至少清理一次。

4.各類在冰箱內的食物都應當用保鮮膜包好或加蓋冷藏，以防止水分的蒸發。

5.任何食物絕對不可以在還帶有熱度的時候放入冰箱，如此的話，食物會變質，另外也必須等到食物冷卻之後再用保鮮膜包好或加上蓋子蓋好才可以放進冰箱，並且冰箱內必須要保留空間，讓冷氣對流，以確保冰箱的效率。

6.放入及取出飲料時，必須避免傾倒在冰箱內，以免冰箱產生可怕的異味，另外有些帶有酸性的飲料如檸檬汁、柳橙汁等容易使冰箱內的金屬部份產生侵蝕，所以應當小心放置。

7.冰箱內最好放置一些「冰箱脫臭劑」，以消除冰箱內特殊的食物氣味，更能淨化冰箱內的空氣，保持食物的清新。

(六)抽油煙機

1.應當裝置有「自動切斷閘」，溫度過高時，能夠自動的切斷電源以及風管，以便防止火苗的蔓延。

2.應當定期的找專業的人員作清除抽油煙機管壁上的油漬。

3.油煙機的罩子，每天營業結束後，應當清洗。

(七)冷凍櫃

1.冷凍櫃設置的地點，絕對不可以受到太陽的直射。

2.冷凍庫內的溫度必須保持在攝氏零下18度以下。

3.放置冷凍內的食品，盡量分成小包裝後才放入冷凍庫內，以便增加它的冷凍效果。

(八)油炸的器具

每天必須將油炸鍋內的油取出，再用中性的清潔劑徹底的清洗。油溫的溫度計使用後，也必須要用中性的清潔劑洗淨，再用柔軟的乾布擦乾淨。

(九)烤箱

先打開烤箱的門，用沾有清潔劑的泡棉或是抹布把油污去除，然後用濕布擦乾淨，再用乾的抹布擦乾。如果要清洗烤箱內部黏稠的污物時，最好用去污粉和鋼刷來去除。利用乾的抹布擦拭烤箱內部約2分鐘左右，並且重要的是必須將水分完全的擦乾，以避免生鏽。烤箱內的底部如果有烤焦的物質時，應當將烤箱加熱，然後再冷卻，如此就可以使堅硬的物質碳酸化，再用長柄的金屬刮刀刮除乾淨即可。烤箱外的清潔，可以使用清潔劑加溫水洗滌，再將其擦乾淨。

(十)瓦斯爐與快速爐

1. 瓦斯爐冷卻後，如果有重的油質，應當以中性的清潔劑擦乾淨。
2. 火焰長度參差不齊，可以將爐嘴卸下，用鐵刷刷除鐵鏽或用細釘穿通焰孔。

(十一)微波爐

1. 烹調完畢後，應當迅速用濕抹布擦拭。
2. 用泡棉洗淨器皿以及隔架。
3. 用軟布擦拭表面機體。
4. 不可以用銳利的金屬刷刷洗，也不可以用清洗烤箱的清潔劑擦拭。例如噴式玻璃清潔劑、化學抹布、溶劑等。以避免機體上的字體模糊，且失去光澤或造成鏽蝕。

(十二)器具及容器

1. 器具與容器的洗滌，由於種類與附著污物的不同，因此洗滌的方法也有所不同，不但洗滌後必須將清潔劑沖洗乾淨，再以熱水、蒸氣或是用次氨酸納消毒。

2.如果是用氨酸納消毒後，應當以飲用水沖洗並且讓其乾燥。尤其金屬製的器皿很容易被次氨酸納侵蝕，所以如果有水分殘留在器皿的表面容易使金屬生鏽。

3.合成樹脂所製成的器具吸水性低，材質也較易受傷，受損的部分容易附著食品的殘渣，而成爲微生物的生長溫床，因此在清洗時必須特別注意。

4.塑膠製的器具耐熱性差，不能用高溫來消毒及殺菌，因此這類的製品以次氨酸鹽或其他的化學方法消毒即可。

(十三)切菜機、攪拌機的清洗

1.使用後應當立即清洗。

2.清洗的部份，包括軸部、拌打軸、背部、基座等，都必須洗濯乾淨，並且利用空氣晾乾爲止。

3.每日清洗後，輔助力的軸部洞口應當滴入5至6滴的礦物油來潤滑保養。

(十四)深油炸鍋的清洗

1.內鍋可以使用長柄的刷子刷洗。

2.再用清水及半杯醋沖洗乾淨。

3.將水煮沸五分鐘後用熱水沖洗乾淨並且將晾乾。

4.再將外部擦拭或沖洗乾淨。

三、廚房垃圾的處理

(一)一般垃圾

處理廚房垃圾的時候，必須將之分類，首先必須在各垃圾桶內襯以垃圾袋，然後將垃圾區分爲「可燃物」及「不可燃物」，前者包括紙箱、木箱等，後者例如破碎的餐具，分別投入各類不同的垃圾桶，而且垃圾桶必須加蓋。

如果是空瓶、空罐並且可以退瓶或蒐集出售者，應當先將之沖洗乾淨，放置於密閉的貯藏室，以免引來老鼠、蒼蠅、蟑螂等。

(二)廚餘

廚餘的處理其原則如下所述：

1.廚餘應當每天處理，不可以過夜。

2.廚餘的桶子，應當以堅固、可以搬動，並且有蓋子的容器爲原則。

3.廚餘如果保留給予養豬戶時，可以用離心脫水法，將廚餘分離爲固體及液體，液體的部分就可以讓養豬戶運走，固體的部分則用塑膠袋包好，讓垃圾車運走。

4.廚餘清運處理之後，廚餘桶及其周圍環境應當沖洗乾淨。

5.殘餘的蔬菜，可以使用磨碎機將其磨碎，排入下水道或污水池，並且必須作好油脂截流的處理工程。

四、廚房工作人員在衛生方面應當注意的要點

1.廚房工作人員在工作前，或者是如廁後，都應當將雙手徹底的清洗乾淨。

2.工作時應當穿戴整潔的工作衣服，「至少是穿圍裙」，並且還戴帽子。另外，避免讓手接觸或沾染食物與食器，盡量利用夾子、鑷子等工具取用。

3.廚房清潔掃除工作應該每天數次，或至少一次，清潔完畢之後，應將清掃用的用具集中貯藏，不得亂放。

4.殺菌劑和清潔劑不得與殺蟲劑等放置在一起，免得一時的疏忽拿錯了。有毒的物質必須標明，並且放置於固定的場所及指定專門的人員來管理。

5.工作時，不得在食物或器皿的附近抽煙、咳嗽、吐痰等，萬一打噴嚏時，必須要背向食物並用手帕或衛生紙罩住口鼻，

而且要隨時洗手。

6.廚房是食品加工的場所，所以不可以在此住宿或午睡，也不可以在內隨掛衣服或置放鞋子、木屐等雜物。

7.工作人員生病時，應留在家中休息。例如感冒、皮膚有外傷或感染傳染病時，應當留在家中休養，免得影響了餐廳整體人員的安全及衛生。

第四節　廚房作業安全

一、意外的成因

一般餐廳意外的發生，其原因有二，一爲「人」的因素，一則是「設備」的因素。

「人爲」的因素，包括廚房人員工作漫不經心、睡眠不足、疲勞、心神不寧、煩躁、缺乏安全知識，或者是不遵守安全守則，明知故犯。

「設備」的因素，包括工具或機器設備的陳舊、消防、電氣設備的不妥、安全設施的不當等。

根據過去的經驗，大部分的意外都是由於人爲的疏忽所引起的。不論結果如何，一旦發生了意外事件，一定都會影響營業的正常營運，也由於某些員工因意外而必須療傷的同時，餐廳就得另外聘請臨時員工代替，這是餐廳的損失。所以新進的員工，一定需要施予安全防護的訓練，養成安全的意識，把意外事件盡量減少，以求工作效率的提高。工作效率的提高，直接的也會影響食品成本的降低。

二、安全須知

茲將廚房作業安全須知的要點詳述如下：

(一)個人安全防護

1.服裝：任何有效的安全措施，一定是從員工的本身開始做起。餐廳常有一個諺語：「適當的防護，是由上班穿著服裝開始。」因為工作服的合身、整齊於否，帽子或髮罩是否固定在頭部，都和安全有關。例如有些機具在運轉時，很容易發生頭髮或衣袖捲入的危險。

2.鞋子：鞋子要穿得舒適，鞋跟必須堅固，鞋帶也要紮牢，以免被絆倒。

3.隨身的飾品：還有一些隨身的飾品，例如別針、手錶等必須避免或摘除，以免不小心掉落在食物中或機具內可能會造成意外。

(二)動線的安排

1.動線方向的設定為單行道：稍有規模的餐廳在管理方面都非常重視員工的工作動線安排，廚房動線方向的設定盡量為「單行道」。那麼廚房就是在尖峰時段也會「忙中有序」，這是必須在平時就養成的習慣。

2.保持良好的習慣：在拐彎轉角的地方或上下樓梯時必定先打招呼，還有保持靠右邊走的習慣，並且速度不要快，以免碰撞。

3.端送熱食更加謹慎：端送熱的菜餚時更要格外小心，除了提醒對方外，也要用毛巾來墊著，並且要拿穩。

4.注意地上的障礙物

5.積水的處理：通道上如果有積水應當立即用拖把擦乾，以免員工或客人滑倒。

(三)機具的操作

1.做好安全的裝置：現今的廚房常常引進一些先進的機器設備，雖然帶來了許多方便，但也具有危險性。所以要做好安全的裝置，例如壓力容量壓力負荷量表、蒸氣鍋爐隔熱自動開關等。

2.熟悉機具操作的方法：例如攪拌機的正確操作，用瓢杓入料時切記不可以直接以手靠近。

3.電器用品的注意事項：電器用品如電鍋、烤箱、電扇及工作燈等，不得用濕的手直接碰觸電源插座及開關，以免產生觸電等傷害。

(四)刀具的使用

1.握刀要領：廚房中切割食物使用刀具的機會非常的多，所以使用刀具的方法一定要正確，握刀的要領爲必須握住刀柄，銳面朝下。

2.謹慎使用：不得抓急亂摸刀口，並且必須防止刀具的掉落或割傷。

3.不作其他用途：不得以刀具作爲開罐器或當作螺絲刀來使用。

4.放置在安全的刀架上：不用的刀具要穩當的放置在安全的刀架上，不得穩藏在櫥櫃或是在抽屜中，以免手被誤傷。

5.適時的淘汰：破損殘缺或鈍的刀，應當丟棄，不宜勉強使用，以免割傷。

(五)物料的搬運

1.考量員工本身的負重能力：廚房中經常必須搬運笨重的物料，在搬運時，應該首先考量員工本身的負重能力。一般而言，抬舉重物的重量不可以超過本身體重的35%。並且用採用雙腳分開8到12英吋的姿勢，絕對不要逞能抬舉超重的物料。

2.共同搬運：萬一員工一個人無法搬動時，應該請別的員工一起搬抬。

3.使用手推車：對於超重的物料，最好的搬運方法，是使用手推車，但是要注意是否搬運的路上有障礙物以免碰翻滑倒。

4.注意工作動線的順暢：置放物料時，如果是箱子或是竹筐，不可以推置過高，或堵塞通道和其出入口，這樣會造成工作動線上的不便。

(六)升降梯的使用

1.遵守安全規定：利用升降梯的好處是，可以將食品物料堆置在高層的地方。但是，使用必須注意的安全性，千萬不可以將頭、手伸出升降梯外。

2.梯子使用的注意事項：高層物的堆放，可以使用攀高梯子，由於，普通的攀高梯子一般均採用人字型的梯子，使用前必須先要檢查梯子的接頭處有無脫節。並且擺放的地面要平坦而且平衡穩固，以免梯子傾斜或滑倒。

3.清楚的標示：階梯的地方必須有明顯的標示，以防止踏空摔倒。

(七)防火的措施

在廚房烹飪食物，燃燒使用火種的機率非常的頻繁，只要一點點的不小心，就很容易引發火災。

發生火災的原因除了烹調時引燃的火種之外，還有吸煙的煙蒂、電線走火、馬達機械的損壞、瓦斯漏氣、油料外洩等。所以預防安全實在非常的重要。

第五節　導致食品成本增高的原因

在前面的章節曾提過，廚房是彙總「準備、加工、調理」的功能，除了作業的流程非常的繁雜之外，廚房的內部環境也很濕熱，對廚房的從業人員來說，的確非常的辛苦。因此如果沒有能夠有妥善的作業管理，那麼廚房的衛生安全將產生問題，而且食品成本直接、間接的都會受到影響。

茲將廚房作業管理不善會導致食品成本增高的原因詳述如下：

一、提供給廚師去骨、切片、切雕、修剪、削皮用等的器具不良或不全

「工欲善其事，必先利其器」，當餐廳所採購的食品物料，經過驗收後，生鮮的食材就直接進入了廚房準備當日營業之用，因此負責食材的廚師就必須馬上進入狀況。如果上述的那些修剪、削皮等的器具不全或不良，那麼結果就是可用的食材將大幅的減少，理所當然的，食品成本就會升高了。例如廚師將蝦子去殼，如果器具不良，將會讓蝦子的肉留在蝦子的尾巴，而被丟棄。又例如西餐廚

房，常常要使用到紅蘿蔔，如果削皮的器具不良，一條處理下來，可能剩下半條。

二、蔬菜、肉類修剪過多而造成浪費

上述的例子是因爲器具的不全或不良，以致於修剪過多，導致成本的增高。另外一種情形是，器具上是沒有問題的，但是基於負責廚房準備工作的人員還是生手，作業不熟練，或是心不在焉，以致於蔬菜及肉類修剪過多，造成食品成本的增高。

三、沒有注意檢查生鮮類的食品

本書一再強調驗收時，生鮮食品不能讓其曝露在常溫三十分鐘以上，如果負責準備的廚師不注意這種狀況，就直接進入烹調區，進行烹飪，萬一已經開始變質了，那麼讓顧客吃到的話，就有可能產生嚴重的後果，輕者拉肚子，重者中毒。不論什麼樣的結果，一定會對未來的營業以及餐廳的形象造成莫大的損害。

四、對於低成本的肉類，疏忽了再利用的價值

有些菜單上的菜式，只會利用到食品材料的精華的部位，而剩下比較沒有賣相的食材，如果就丟掉的話實在非常的可惜。因此用點心思，加點巧思，再加以利用的話，可能又可以造就成另外一道美食，替餐廳創造另一份收入。無形中就可以降低餐廳的食品成本。例如，日本餐廳的菜單一定會有「生魚片」，是取採購進來的魚肉中最好的部位，來讓顧客享用。因此就會有一些零星的魚肉片，算是比較不完整的，一些日本餐廳就將這些比較沒有賣相的魚肉片，作成另外一道菜式，一般稱之爲「散的壽司」。用這些魚肉片鋪滿在飯盒上，對於一些上班族來說，既好吃又實惠，對於日本餐廳來講，又多了一道顧客喜歡的菜餚，既能增加營業收入，又能降低食品成本，豈不是一舉兩得。

有些比較大眾化的西餐廳，常常推出一道許多顧客喜愛的「牛肉燴飯」，其實主要材料「牛肉」，乃是這家餐廳製作牛排大餐所處理下的邊肉或碎肉，於其丟掉不用，還不如廢物利用。只要廚師多用一點心力，許多在廚房調理前所處理下的食材都可以善加利用。有時這些碎肉或邊肉也拿來製作「羅宋湯」中的肉材。咖啡廳的食品成本百分比大約只有在26%，對於低成本的肉類再加利用也是重要因素之一。

五、準備過量

準備過量的問題與「採購過量」的問題一樣，在前面的章節曾提過，如果採購過量，除了資金的壓力之外，食品材料是有保存期限的問題。無法在保存期限內使用，食材自然容易變質，在深恐顧客吃了會有問題的顧慮下，當然只有丟掉一途，食品成本自然增高。相同的，沒有想像中的營業量，卻又準備過量的食材，不但浪費人力，也可能會導致冰箱沒有多餘的地方儲存，有的廚師就乾脆把它丟棄，有的廚師覺得丟掉太浪費了，就往冰箱中亂塞，由於循環不良，也就導致食材變質，最後還是丟掉一途。

六、調理不得要領

如果說裝潢是餐廳的面子，那麼調理就是餐廳的靈魂，這表示餐廳的設備、裝潢再高級，菜餚不好吃或者是不道地，客人大概只會登門拜訪一次了。有些餐廳爲了讓顧客餐廳的菜餚有推陳出新的感覺，因此常常推出一些新菜，或是舉辦一些某某國家的美食周。立意及思考模式都不錯，也都很正確，然而，如果都是這一幫廚師，來製作各國不同的美食，那麼這位經營者的美意可能就會落空。因爲大家都知道廚師的手藝是項藝術，除了必須具備有點天分之外，學習的熱誠是不可或缺的，更不是三、兩個月就能速成的。

因此經營者在「生產者」導向的意念下，一味的要求廚師變化菜色，這個月推出美國菜，下個月推出日本菜，再下個月推出台灣小吃，如果這家餐廳的這群廚師是西餐的底子，美國菜可能就很道地，但是日本料理推出的時候，可能就會讓客人覺得樣子像，味道不像。「調理不得要領」所製作出的菜餚，在消費者的品味日漸提高的台灣，是絕對不會讓顧客再次光顧的。若結果是這樣的話，爲了新菜式所採購的食材都將會報廢，而再次的提高了食品成本。

七、調理溫度不當

到牛排館吃牛排，服務生一定問顧客，所點的牛排需要幾分熟，服務生會依照顧客的要求及意願，記在「點菜單」，並再次的叮嚀廚師，這就是所謂的「消費者趨向」。牛排館的生意是否興隆，除了選用了適合菜單價位的上等牛肉之外，對於顧客意見與要求有適當的重視與尊重是他們成功的另外一個原因。一客價位不低的牛排，因爲調理溫度的不當，其口味與感覺，就會令顧客覺得價位與產品似乎不很對稱。對餐廳來說，這位消費者可能就這樣流失掉了。

八、調理時間過長

調理時間過長有兩種情況，一種是礙於火候，某一道菜式的確必須調理較長的時間，但是對於一位是上班族的顧客來講，點一道他認爲還可以的菜餚，竟然必須等待三十分鐘，那是十分不可思議的事情。那麼這些種菜色，月底分析時，餐廳經理就會發現，調理的時間過長的菜色，的確比較無人問津。以前來來大飯店的福園餐廳，有一道名菜「佛跳牆」，試菜的時候人人稱讚，但是開幕之後確乏人問津，原因無他，就是當顧客點這一道菜時，服務生一定先提醒客人說：「先生，這道佛跳牆必須等個二、三十分鐘，可以嗎？」很多客人猶疑了一陣子，就會向服務生說：「那換其他的吧！」

另外一種情形是，廚師可能心神不寧，就讓烹調的時間過長、過久，因此烹飪過後的菜餚變樣、變腐了，一點都沒有賣相，只好重新來過。前者會影響營業收入，後者會影響食品成本，其實兩者直接、間接的都會增高食品成本。

九、烹調前的準備時間不當

烹調前的準備時間的不當，直接影響的就是烹調的製作，如果這家餐廳經營的是「自助餐」，可能影響還不的很大，因爲可以讓客人稍爲等待一下。但是如果是「單點」的正式餐廳，影響就會非常的直接，例如客人久等不到他所點的菜餚，可能就會向服務生說這道菜不必出了，甚至於客人不用餐就離開了。

準備時間不當，影響了出菜的時間，也會影響餐廳座位翻桌的機會。所以說，有些餐廳的座位周轉率爲什麼那麼高，烹調前的準備工作在扮演非常重要的角色。例如來來大飯店的咖啡廳的座位約有200位，但是每天平均有1,500位消費者，幾乎每張座位每天有7.5周轉率，原因無他，是因爲他們咖啡廳的內外場之標準作業流程非常的完善，而且徹底的執行。

十、未按照標準烹調法做菜

一般稍具規模的餐廳，每一道菜都會寫出它的標準食譜，目的是爲了讓廚師在烹調製作時都有一定的標準食材份量可以遵循，相同的，根據標準食譜，也有標準的烹調製作流程，才會讓廚師每次製作出來的菜餚都是有相同的美味與特色。無形中就會讓餐廳建立一種「無價」的口碑，許多餐廳都由於客人的良好口碑而聲名大噪。相反的，如果餐廳的廚師沒有按照標準烹調法做菜，就會產生一種現象，同樣的菜色不同的時間去用餐，其口味竟然迥然不同。如此的現象，會讓想介紹朋友去這家餐廳用餐的衝動減低。顯然的這位顧客，也比較不會來這家餐廳光顧了。

十一、烹調設備不全或不乾淨

就如前面章節所作的說明，烹調設備的衛生與安全，如果沒有每天將烹調設備清洗乾淨，烹調製作出來的菜餚，顏色絕對不會鮮美，而且也會含有一股不乾淨的油漬味。顧客使用之後，一定不會滿意，甚至還會抱怨，那麼這位顧客，餐廳就不敢冀望他會是餐廳的老主顧。以前在台北市有一些賣牛肉麵的餐廳，常聽他們標榜他們的牛肉麵之好吃，是因爲他們的那種濃濃香味的「高湯」。但是一聽他們的盛「高湯」的鍋子竟然是終年不洗，就作者我不敢再光臨這家牛肉麵店了。人同此心，心同此理，烹調設備不乾淨的確是餐廳食品成本增高的基本原因之一。

現代的廚房使用了許多的設備，爲了是可以提升廚房的工作效率，也可以使烹調製作出來的菜色更精美。相反的，如果廚房的設備不全又想提高業績，或是提升產品的精良，那是緣木求魚的。例如許多觀光大飯店在中秋節這個傳統節慶也想推出「中秋月餅」來提高營業收入。勉強製作出來的結果，面臨兩個難題，一是如果沒有適當的地方擺置月餅，在高溫的情況下，月餅就會容易變質，因此冷藏設備的投資勢在必行。另外一個難題是，如果沒有購買眞空包裝機，那麼月餅經過包裝人員用手指摸過的地方，在短短的幾天內，月餅上就會出現毛絨絨的「霉菌」看起來非常的可怕。這樣的情形，不是退貨就可以了事，有時可能還會吃上官司。如此，食品成本是一定是高得離譜。

十二、沒有標準的份量

餐廳菜單的每一道菜式，都應當有「標準食譜」，行政主廚才可以依據其標準，向每一位廚師在烹調製作時的要求。而所謂的「標準食品成本」的管理制度才得以付諸實施。目前在台灣的餐飲業，標準食譜的建立已經十分的普遍，但是有一個現象是，西餐廳

「標準食譜」的建立似乎比中餐廳來得精準，可能是由於廚師心態的關係。總而言之，一個餐廳沒有標準的份量控制，是很容易讓食品成本失去控制。

十三、沒有注意菜色的精美

台灣餐飲業，平均消費額從新台幣50元，到1,500元以上都有。在平價餐廳消費的顧客，比較不在意菜色的精美於否，這個所謂的平價，大概在平均消費額300元以下。此類的消費者比較在意的是量，例如299元吃到飽，對他們來講，就會很有吸引力。但是平均消費額超過500元以上的餐廳，不管是自助餐或是單點的正式餐廳，此類消費者除了用餐之外，設備、氣氛、衛生、安全是他們的基本要求；對於菜餚，量已經是其次，菜色精美的「視覺」享受是他們的首要，其次要吃得健康，最後還要服務至上。因此，菜餚如果不用心於擺置，就創造不出的附加價值。中高價位的菜單，低品味的菜色是無法吸引顧客上門的。

問題與討論

1.試述洗碗區設計規劃的原則。

2.試詳述清潔劑的種類。

3.理想的清潔劑應當具備那些特性 ?

4.試述清潔劑的使用須知。

5.試述餐具的洗滌程序。

6.試述餐具的洗滌須知。

7.試述餐具的消毒須知。

8.試述砧板與刀的清潔要點。

9.試述冰箱的清潔要點。

10.試述烤箱與微波爐的清潔要點。

11.試述抽油煙機的清潔要點。

12.試述切肉機與攪拌機的清潔要點。

13.試述廚房廚餘的處理原則。

14.試述廚房工作人員在衛生方面應該注意的要點。

15.試述因廚房作業管理中的準備與調理有那些是影響食品成本增高的原因。

第九章 餐廳的服務

餐廳所選擇的服務方式，隨著所提供的菜單、從業人員之訓練和技術、餐廳的目標顧客以及競爭者所提供的服務型態，而有所改變。無法肯定何種的服務方式或那一種的服務型態是最好的，因爲任何型態的服務，都是爲了迎合消費者不同的需求以及狀況而設計的。不過無論如何，顧客希望獲得餐廳至高無上的服務的心態是從來沒有改變過的。

本章就餐廳實務中的標準作流程，包括餐桌的布置、接客的服務、點餐的服務、上菜的服務以及結帳服務等作一係列的詳細說明，希望給讀者有一全盤而且清楚的認識。

第一節　中餐廳的服務

一、餐廳桌椅的布置及擺設

(一)搬拼桌椅

1.先查看訂位和桌位配置圖，以便了解工作的內容。
2.移動桌椅時避免踫撞。
3.以雙手搬移不可以拖拉，小心把家具碰傷或損及地毯。
4.大量搬運桌椅時，可以使用推車，在推車上堆疊椅子時切記必須排列整齊，否則有可能半途會倒下。

(二)擺設餐具

1.擺骨盤

(1)骨盤擺在餐位的正中。
(2)將骨盤的標幟朝上。
(3)骨盤離桌子的邊緣約兩指寬。

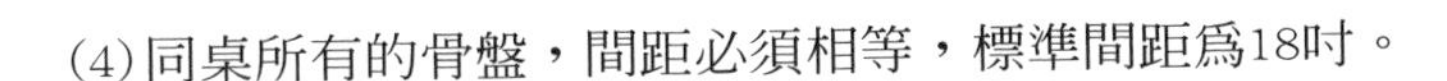

(4)同桌所有的骨盤，間距必須相等，標準間距爲18吋。

2.擺味碟

(1)味碟擺在骨盤的右上方。

(2)將味碟的標幟朝上。

(3)味碟與骨盤的間隔約一指寬。

3.擺口湯碗：將口湯碗擺在味碟與骨盤的交接處。

4.擺湯匙

(1)將湯匙擺在口湯碗內。

(2)湯匙的柄朝左放。

5.擺筷子

(1)將筷子直接放置於骨盤的右方約一指寬。

(2)筷子的尾端要向上。

(3)將筷子的標幟與文字向上。

(4)筷子的底端離桌緣約一指寬。

6.擺茶杯

(1)將杯底朝上，然後茶杯擺在骨盤上。

(2)將茶杯的標幟向對方客座。

7.擺餐巾紙

(1)將已經摺好的餐巾紙放在骨盤的左方。

(2)將餐巾紙的標幟向上。

8.煙灰缸

(1)將煙灰缸放置時，必須要看桌形的方圓與大小而定。

(2)原則上以兩人共用一個煙灰缸。

(3)注意將煙灰缸的標幟向對方客座，或者是朝向走道，或者是朝向門口。

9.擺芥茉醬、辣椒醬：芥茉醬、辣椒醬必須擺在桌面的中央。

10.擺點菜單的夾子

(1)將點菜單的夾子正面放置於桌面邊緣，一般是靠走道那邊。

(2)點菜單的夾子必須離開桌緣約兩指寬。

(3)所有餐廳小吃部的點菜單夾子，一律朝同一方向，劃一放置成一直線。

10.擺意見卡：將意見卡緊鄰著醬油壺與醋壺的下方。

11.擺桌卡：將桌卡「推薦用菜單」打開，將它立放在意見卡的前方。

12.擺菜單

(1)在倉庫固定存放菜單的櫃子中，將早餐菜單拿出約20本。

(2)打開成45度，讓它立放在台號座前上方。

(3)菜單的封面一律朝向大門。

13.鋪台布

(1)以平鋪的方式將台布平鋪於桌面上。

(2)調整台布的四角下垂長度等長。

(3)棉質台布鋪設後，用水稍爲噴一下，可以消除摺紋。

14.擺椅子

(1)最後將椅子推齊。

(2)椅子前端邊緣靠齊桌布下垂處。

15.擺轉圈：爲宴席用的。

(1)用雙手將轉圈放在台面上的正中位置。

(2)用手轉動轉圈，試看是否順暢轉動。

16.擺轉台：爲宴席用的。

(1)以雙手提起轉台，輕輕平放於轉圈的上面。

(2)檢查轉台是否放正、放平。

(3)轉動台面，檢查是否平穩。

(4)依轉動的尺寸套上轉台後，檢查是否平整。

17.擺毛巾碟：宴席時才需要。

(1)毛巾碟置於骨盤的左側。

(2)骨盤與毛巾碟約相隔一指的寬度。

18.擺紹興酒杯：宴席時才需要。將紹興酒杯置於轉盤上，沿著桌邊成弧形排列。

19.擺公杯：宴席時才需要。公杯放置在紹興酒杯的右側，大桌至少放置兩個。

20.擺菜單：宴席時才需要。宴席時，如果每人一份，則放置在骨盤上方，將內容部分朝向客人。

餐桌的布置與擺設一般分有宴會餐具的擺設、小吃餐具的擺設、貴賓廳的餐具擺設等三種不同的作業型態，餐飲業者可以依照實際的作業需求，參考以上所說明的作業流程，去作一些調整，應當可以作出一套適當於本身的作業規範，以作爲從業人員可以遵循的標準作業流程。

二、接待顧客的服務要點

不論男女老少與貴賤，不論大老闆或是上班族的小職員，他們總是希望在到達餐廳的時候，就有餐廳的帶位人員出來接待。因此從顧客將踏進餐廳大門之前，餐廳的領台或帶位人員，都應該馬上就指定的位置，歡迎顧客的光臨。

「迎賓的工作」代表著餐廳的服務水準，餐廳的形象與格調，在高品質服務的要求下，帶位的「領台人員」是餐廳第一位與顧客接觸的從業人員，所以必須讓前來用餐的顧客，一開始就讓顧客感受到有被尊重的對待與服務。

(一)迎賓的要點

1.應當以微笑以及微微彎曲的身體，來招呼顧客並表示歡迎的意思。

2.迎賓的接待方式，應該以眞誠的心態，自然的流露，表現出歡迎的態度，而不是只有形式上的歡迎，因爲眞誠有禮的迎接及歡送顧客，往往會給顧客留下良好的印象。

3.應當以禮貌的口吻，詢問顧客的人數以及是否有訂位，是否有客人已經先到，或是還有人還未到等。

4.遇到尖峰時段已經客滿而沒有座位的時候，應該按照先來後到的次序登記前來之顧客姓名，並且請顧客先至等候區稍微休息等候。這個期間，仍然應當隨時對等候的顧客表示關心與歉意。

(二)帶位的要點

1.帶位者首先要確定顧客的人數以及到來的先後次序及人數，對於先到的顧客應該先予以引導入座，其餘後到的顧客，如果還沒有辦法予以安排，那麼應當向顧客表示歉意並且請顧客稍候，等引導的先到的顧客就座之後，再馬上回到接待區引導後到的顧客入座。

2.餐廳的帶位人員，應當走在顧客前面約2至3步左右的距離，步伐不能太快，態度也要從容不迫。

3.隨時注意顧客是否有跟上腳步。

4.應當先預告顧客可能碰到的地形狀況，例如有階梯或凹洞，以免顧客在途中跌倒或發生意外。

5.帶位時以不併桌爲原則，也就是不同組或是不認識的客人絕對不可以安排在同一桌。

6.剛開始的時候，必須先安排餐廳的前段比較顯眼的地方，以便使餐廳不會顯得太冷清的感覺。

7.帶顧客到桌位時，除非顧客另有選擇，否則不要猶疑不決，變來變去會使顧客無所適從。

8.公眾人物或是情侶，應當安排在餐廳角落或比較不明顯的位置；行動不方便的顧客則應當安排在出入口的地方；上年紀的顧客則應當安排在燈光較亮或冷氣不太強的座位；致於角落不礙通道的座位，宜安排攜帶有會走動的小孩之顧客，以免孩童奔跑將會影響其他的顧客用餐的氣氛與情緒，並且也會妨礙餐廳從業人員的工作。

9.單獨的一位顧客，應當安排在靠窗的座位，使他能夠在用餐時也可以同時觀賞窗外的風景。

10.如果沒有客滿的話，不要將顧客安排在同一區域，應該分散的讓顧客坐於各處，以免讓於感到不舒服、吵雜與擁擠。

11.不要把一位顧客或是少數的幾位顧客，安排坐在很大的桌子，因爲這樣的話，會讓顧客有失落感以及產生距離感。

12.盡可能避免接待喝醉酒的客人，當他要走過其他顧客的座位時，最好由領台人員或其他服務人員陪伴，以免發生事端。

13.安排服務裝不整或態度不良的顧客，應當將他們安排在比較不顯眼的座位，以減少其他顧客的反感，並且也可以避免吵到其他的顧客。

14. 安排穿著華麗的顧客坐於餐廳的中央位置，尤其是女性顧客，對於餐廳的氣氛會有很大的幫助。不過如果出現兩組都是衣著華麗的顧客，則不能安排在緊鄰的餐桌，必須略有距離，以免當事人分心而食不知味。
15. 如果顧客對於所安排的座位不滿意的話，而要求更換時，應當很快速的安排顧客至他們所滿意的空桌位置入座。
16. 在責任服務區等待的餐廳從業人員，見到帶位的領台人員帶領顧客前來時，應當面帶微笑，禮貌的趨前打招呼以及問候，並且協助領抬人員幫顧客拉椅子，請顧客入座。入座的服務，應當以女士或年紀比較大的顧客為優先，對於行動不方便的顧客，更應該給予妥善的照顧服務。
17. 孩童專用的高椅，應當要避免安排在上下菜的方位，以免發生危險。使用時，應當先放好椅蓋，再讓兒童入座。
18. 領台人員應當等待餐廳的從業人員將帶來的顧客全部入座並且服務完畢，才可以離開。

三、點菜的作業要點

(一)點菜前的服務事項

1. 服務茶水：當顧客就座位坐妥後，依照顧客的數目，服務生將準備熱茶或冷開水，倒茶時只能倒7分滿，上茶時應持茶杯的下緣地方，側身靠桌，將茶杯輕輕的放置在顧客的右上方。

2. 服務毛巾：依照顧客的數量備妥等量的毛巾，整齊的放置於毛巾碟上面。也就是服務生左手拿著毛巾碟，右手持著毛巾夾放置於每位顧客的小毛巾碟上面。

3.增減餐具：依照顧客的人數，適當的將原先已經擺置好的餐具增多或撤走多餘的餐具，但是在增減餐具時，應當使用托盤處理。

4.擺口布：服務生，用右手自餐桌上取口布，拿至顧客的身後，再用雙手攤開，側身靠桌，右手在前，將口布輕輕的鋪於顧客的膝上。

(二)點菜的服務要點

1.點菜的工作由組長或是領班以上幹部負責。

2.先確認由那一位顧客來點菜。

3.將菜單翻開第一頁由右側呈給顧客，顧客如果不願馬上點菜，則可以向顧客示意後暫時離開，並且隨時密切的注意顧客是否已經準備好要點菜了，這時才返回桌邊服務。

4.點菜之前，如果能夠了解顧客的身分、用餐的性質等，將對於點菜時菜色的推薦有所幫助。

5.除了為顧客介紹自己餐廳的一些招牌菜或一些口味較特殊的菜色之外，向顧客介紹菜單內容時，應當要考慮到顧客所能接受的口味與菜色，同時也必須考慮到用餐的人數以及合理的價錢，避免點了太多，造成了浪費，或是給顧客留下強迫推銷的不良印象。

對於菜色的內容介紹時，應當了解每一道菜色，其烹調的方式，以便配合顧客的喜好，如蒸、煮、炸、烤、炒、燴、燉、焗、滷等的烹調方法，來調配出適合顧客口味的佳餚。

點菜的從業人員依照顧客所需要的菜色以及內容，應該給予不同菜式及不同調配的調理方式的安排，避免以相同的材料作不相同的烹調方式，或雖然用了不相同的材料，但是卻做相同或相關並且重複的烹調方式。

除了對於菜色的口味、調理方式來搭配之外，也應當注意到料理顏色的搭配，以便提高餐桌上視覺的感受，並且作到色香味俱佳。

記錄顧客所點的菜餚或特殊要求之後，應予以複誦一遍，確認無誤之後才可以送單，而且複誦時聲音應當清晰，速度適中。

配合顧客所點的菜色與嗜好並配合當天的天氣，再推薦適當的飲料，最後再與顧客確認所點的酒水之配料。例如話梅或是檸檬等，以及是否需要溫酒或加冰塊。

(三)開立點菜單

1.按照點菜單的流程與規定，首先寫上桌號、人數、日期、點菜服務人員的性名或代號。

2.按照顧客所點的菜色名稱、分量、大小或者是特別向服務生交待的烹飪要求，按照出菜的順序，詳細的塡寫於點菜單上。

3.點菜的時候使用「點菜單」。點飲料時使用「飲料單」。

4.將點菜單一起送交出納，出納在點菜單上簽字後撕下第一聯，將第二、三聯交給服務生，服務生再將第二聯交給廚房，廚房根據它來出菜，第三聯則放置在顧客的桌上，作爲上菜服務時核對確認之用。

四、上菜前後的服務工作要點

(一)拆筷套

側身靠桌，以右手自顧客餐位上拿取筷子，自筷子底端撕開筷套後，執筷子下端取出置於筷架上。如果沒有筷架，則直接放置在骨盤上。

(二)餐具擺設是否齊全

服務生必須檢視餐桌上的餐具擺設是否齊全，是否需要再幫顧客添加茶水。

(三)持用托盤

1.托盤務必隨時擦拭保持乾淨與美觀。
2.不論拿取任何食物、飲料、茶水、碗盤的時候，都應當使用托盤。
3.托盤應該統一的訓練，教導服務生一律使用左手托拿，五指張開，置於托盤的底下，各手指末節及掌心與接盤的底部相貼於中央的地方，手掌與小手臂成水平狀，托拿的高度約在左肋骨的下緣。
4.較高或較重的物品應當放置在托盤靠身體的一側，較輕或較小的物品則放置在托盤的四周。放置物品時應當逐件的放置，並且一一地調整重心。

(四)服務飲料酒水

1.上菜之前，應當先對顧客所點的酒水飲料進行服務。
2.用托盤盛放杯裝的飲料或少量的瓶裝酒水飲料。
3.用酒籃盛裝多量的瓶裝酒。
4.紹興酒的話，則先倒入公杯約7至8分滿，再由公杯分別倒入預先準備好的小酒杯，服務人員應該視顧客飲用的情形，隨時予以添加於公杯。
5.紹興酒系列的酒類應當附有檸檬片或話梅的配料。
6.酒水應該依其適當的溫度服務，啤酒則應該保持冰涼，紹興酒系列先予以溫熱。
7.出酒前，應先將酒瓶擦拭乾淨。

8.盒裝類的果汁開盒之前，應當先將之搖晃，使它均勻。

9.必須添加冰塊的飲料，就必須以冰桶盛裝冰塊幫顧客添加。

(五)傳菜

1.上菜之前的準備工作就緒之後，就等待傳菜生按照菜單所列的順序的逐項傳送上桌，並且由服務人員給予顧客提供服務。

2.預先準備佐料、備品放置於托盤上，托盤使用之前，應當先擦拭乾淨。

3.確認菜色與桌號是否相同。

4.用托盤盛裝菜餚出菜，菜餚放置於托盤上，應該調整重心的平衡。

5.將菜餚送到餐桌的旁邊或放置在備餐台，然後將菜餚交由服務人員上桌服務。

(六)上菜

1.服務人員將菜餚準備上桌前，必須先核對傳菜生所送到的菜色、份量是否正確無誤，才可以上桌。

2.菜盤、餐盅上桌前，應當維持它們邊緣部分的整潔。

3.如果上菜時是在有轉盤的餐桌時，則菜盤將沿著轉盤邊緣擺置。

4.如果上菜時是在沒有轉盤的餐桌時，青菜類的菜盤放置在餐桌的中間，其他的菜餚則分別圍著放置。

5.服務人員上菜時，應該將那一道菜餚的名稱清晰的念出來，並且簡單的加以說明，讓顧客有所了解。

6.所有的菜餚上菜時，應當盡量由主人右側上菜，上菜前應當先將桌上的空間騰出來，以避免在顧客身旁上菜，而造成顧客用餐的不方便。

五、服務菜餚

(一)分菜及分湯

1.依照顧客的人數，準備相同數量的小碗與一套服務用具於托盤上之後，預先將之擺置於餐桌的旁邊。

2.將菜餚端上餐桌呈示給顧客並且解說後，以右手拿著湯匙，左手拿著叉，在桌旁進行分菜的服務。

3.服務生先將配菜分好，再分主菜，加上佐料然後澆上湯汁。

4.分菜之前，必須先預估每一小碗應當分配的適當分量。

5.分菜時，雙手分持叉及湯匙，夾起菜餚後稍作停頓，再以叉輕輕的劃過匙底，以便防止湯汁或菜餚滴落在桌面，然後再將菜餚分入顧客用的小碗中。

6.熱食的分菜，應當每一次分好4到6碗時，就應當先上給顧客食用，以免冷卻後影響口味。

7.分菜的時候，服務人員應當留意顧客對該道菜餚的反應，是否有些顧客是不敢吃的，或是對該項菜色有意見時，服務人員應當給予適當的處理。

8.分湯的時候，雙手各持叉（匙），以及分匙，先以右手叉（匙）夾起湯內的菜料，稍作停頓之後，再用左手分匙輕輕的劃過右手匙底，以便防止湯汁或菜餚滴落桌面，然後將菜料分入顧客用的小碗中，再以分匙加上湯汁。

(二)分魚

1.服務生在放置魚盤時，必須將魚頭朝左，魚尾朝右。

2.然後左手拿著叉子，叉子的尖端向下，以彎曲的叉身輕輕的按住魚頭。

3.右手拿著湯匙，以匙尖沿著魚頭與魚身的接縫處，輕輕的劃過，直到湯匙的匙尖見骨。

4.與上面所作的說明相同的程序，由左向右，在魚身中線輕輕的劃過，直到湯匙的匙尖見骨。

5.仍然與上面所作的說明相同的程序，沿著魚身與魚尾的交接處，輕輕的劃過，直到湯匙的匙尖見骨。

6.再由魚身的中線將湯匙的匙尖置入魚肉與魚骨的交接處，然後輕輕的劃過，直到魚肉與魚骨完全的分開。

7.然後將兩個半片的魚肉向上，輕輕的推成八字型。

8.左手持著叉子，叉尖向上輕輕按著尾部的魚骨，右手拿著湯匙，自魚尾的下方將魚骨挑起置於魚盤上緣。

9.用湯匙的尖端，將上下兩片魚肉各均分成六等份後，再分置於小碗內。分魚時，魚肉應隨時澆上熱的湯汁，分魚的速度必須很快，以免魚肉冷卻而失去了原來的味道。

10.如果不必替顧客分魚時，記得將魚骨去掉，將上下兩片的魚肉推回原處成爲整條魚的樣子。再澆上熱的湯汁，就可以讓顧客享用了。

(三)服務乾飯或稀飯

1.每桌服務第一道菜餚時，必須配合顧客的需求，同時上乾飯或者是稀飯。

2.到備餐台取碗盛飯，用托盤來服務，盛飯之前，應當先將飯鍋內的飯挖鬆，盛飯時以八分滿爲標準。

3.到廚房取粥盅盛稀飯，出粥量應當配合顧客的人數，小盅的話大約2到5人，大盎的話，大約6到10人，每盅不可以裝超過8分滿。

4.將稀飯盅放置於餐桌上，以事先備妥的空碗爲顧客服務。

5.同桌的顧客，乾飯與稀飯都有人點時，應當上稀飯與上乾飯的時間必須配合一致。

(四)更換煙灰缸

1.先準備好乾淨的煙灰缸於托盤上。

2.用右手拿著乾淨的煙灰缸，將它覆蓋於桌上有煙蒂的煙灰缸上，輕輕的合併拿起，收回放置於托盤上，然後將手中的清潔煙灰缸順便再放回桌上。

3.煙灰缸內如果有顧客暫時放置未熄滅的香煙時，暫時不要更換。

(五)更換毛巾

1.首先服務生依照顧客的數量準備好毛巾放置於毛巾碟上。

2.然後，用托盤收拾使用過的毛巾，右手持毛巾夾，將乾淨的毛巾夾給每位顧客。或者是放置於每位顧客的小毛巾碟子上。

(六)更換骨盤

1.許多國際觀光大飯店，是每一道菜於顧客用畢之後，就立刻更換乾淨的骨盤，以便配合另一道新的菜餚上菜時使用，收拾下來的已經使用過的骨盤，則由傳菜生上菜後順便回程時帶回廚房。

2.然後，將乾淨的骨盤放置於托盤上，由於顧客右側先將髒的骨盤收起放置於托盤上，再由托盤上拿起乾淨的骨盤逐一加以更換。在托盤上取放骨盤時，必須注意重心的平衡，以免打破骨盤。

3.骨盤上還留有菜餚時，更換之前必須先徵得顧客的同意。更換骨盤時，如果盤子上留有湯匙或筷子，則應該先將乾淨的盤子放置好並且將筷子及湯匙放置於乾淨骨盤的上面，然後再收拾使用過的盤子。

4.更換骨盤時，如果餐桌髒亂，應該給予擦拭清理，再收起空的菜盤，並且調整桌上的菜盤擺置，以方便顧客的用餐。

5.至於十人以上的餐桌，則應當分兩次或三次更換骨盤。

(七)添加酒水或飲料

1.當顧客的杯中只有剩下三分之一的酒水或飲料時，則應當予以添加。

2.添加時，服務生右手持著酒壺或酒瓶，左手備有餐巾，由顧客的右側添加飲料，飲料的添加以七分滿爲原則。

3.瓶裝或罐裝的飲料如果已經冰涼而且出水時，應該於服務之前，先將它擦乾，免得水滴在顧客桌面上。

4.如果飲料先前已加冰塊，添加後應再加冰塊。

如果冰塊在杯中已經溶化用完了，也應當再添加冰塊。

(八)乾飯或稀飯再添加

1.詢問顧客是否再添加乾飯或稀飯的意願。

2.添加乾飯，則到備餐台拿飯碗盛約八分滿的乾飯，以托盤服務，順手收回顧客吃過的空碗。

3.添加稀飯，則由顧客的右側，用左手拿碗，右手持分匙，幫顧客添加稀飯。拿碗時，必須拿著下緣，避免接觸到碗口，更不可將姆指伸入碗的內緣。

4.添加第二碗稀飯時，必須確實控制添加量，以免浪費。

(九)主動的服務

顧客用餐時，服務人員應該隨時關注顧客的服務需求，主動的提供最迅速的服務，而非被動式的接受顧客的要求，才能讓顧客覺得有「賓至如歸」的感覺。

(十)核對顧客所點的菜色

1.服務人員必須在責任區內，隨時巡視顧客所點的菜餚，是否於適當的時間內上桌，也隨時留意顧客所點的菜餚上菜的情況，並且隨時調配出菜的時間，以免出菜太快，而將菜餚暫時放置在備餐台上，或帶給顧客壓力。

2.巡視顧客所點的菜餚的品名、烹調的方式與份量是否正確。

3.顧客所點的菜全部上完之後，應該詢問是否足夠，是否還要加菜，菜餚的口味滿意於否？

4.服務生應當判斷顧客是否已經吃飽，在適當的時機，推薦餐後的甜點或水果。

六、顧客用餐後的服務工作要點

1.清理顧客面前使用後的餐具以及不必要留下的菜餚或飲料，並且同時請示顧客對未吃完的菜餚是否要打包，未喝完的酒類或飲料是否要退回或是寄放。

2.用托盤，依序收拾毛巾、杯子、碗筷、湯匙、盤子，以及其他的物品，將托盤上的使用過的器皿擺放置於收餐車上，各項器皿應該分門別類的疊放整齊，切記不可以推放太高。

3.擦拭餐桌

(1)準備好乾的與濕的抹布各一條，先以濕抹布擦拭轉盤的盤面與盤緣；沒有轉盤的餐桌，則由裡面到外面，採取一致的方向擦拭桌面。

(2)將桌上的殘菜、菜屑用抹布集中於桌面之一角後，掃到托盤上，不可以任意掃落於地上。

(3)最後取乾的抹布將餐桌的桌面擦乾淨。

4.服務茶點、水果與毛巾

(1)餐廳有茶點服務顧客，則服務人員將會到廚房拿取點心，並替顧客重新倒茶，也同時拿毛巾、毛巾盤，將各項都放置於托盤上。

(2)先上點心，再上熱茶，最後再上毛巾。

(3)顧客點用水果，則先擺置乾淨的骨盤，並且附上水果叉，再上水果、毛巾。

(4)顧客吃完水果後，再上點心與熱茶，隨時爲顧客添加熱茶以及更換煙灰缸。

(5)服務茶點爲顧客用餐的尾聲，應當於此時詢問用餐的意見，如果顧客有任何不滿意的地方，則應當立即處理，以示尊重及關心。

七、顧客結帳的服務要點

1.顧客用餐完畢結帳前，服務人員應當先作好點菜單的核對與確認的工作，以備隨時配合顧客結帳的要求。

2.顧客授意結帳時，服務人員應當向主人說明酒水飲料消費的情形，以及一些代支或代買的特別服務項目費用，與顧客作必要的核對。

3.服務人員將確認後的點菜單、飲料單放置於顧客桌上的那一聯，送交餐廳出納人員結帳開立發票。

4.將發票雙手呈給顧客過目，並且視情況得輕聲的告訴顧客消費的金額。

5.點清顧客所付帳款，如果金額有誤的話，應當立即與顧客確認更正。另外找零還給顧客時，都應當向顧客致謝。

6.不論顧客有否給小費，都應向顧客說聲「謝謝」。

7.顧客要求簽帳時，應先徵得有權人的同意與核准，或請主管處理之。

8.送客：顧客結帳後，服務人員應隨時留意，在其離桌時，幫忙拉座椅。如果手邊正在忙著，也應當暫時停下工作，站立

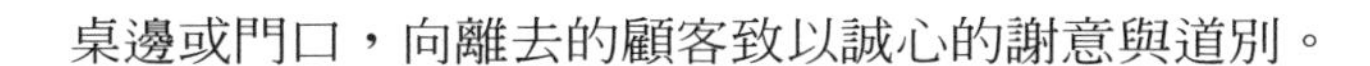

桌邊或門口，向離去的顧客致以誠心的謝意與道別。

八、顧客服務須知

1.對於顧客及公司行號的主管，必須熟識及記得他們的姓名、職稱，以便打招呼時，使顧客感到非常的親切。

2.顧客進入餐廳時，應當友善且含笑的向顧客打招呼問好，以誠懇的態度迎接顧客。

3.對顧客不可以有差別待遇，必須一視同仁。

4.幼童、年長者、女士應優先服務。

5.除非顧客要求，不可玩、抱顧客的小孩童。

6.除了和顧客握手之外，服務時應當避免觸碰到顧客的身體。

7.不與顧客爭道，和顧客錯身而過時，一定要禮讓，不可以直接超前或是橫穿而過。

8.必須以委婉的言詞與態度，謝絕顧客的邀請於餐廳內用餐以及喝酒。

9.絕對禁止與顧客爭論。

10.確實作到關心、照顧顧客、注意觀察顧客的習慣與喜好，應該了解顧客所需，使顧客更加滿意。

11.對於顧客的批評、抱怨或任何不良的反應，應該隨時呈報主管作適當的處理。

12.隨時注意可疑的人物，謹防顧客的財物被偷竊，以免損及餐廳的形象，並且會造成顧客的誤解。

13.嚴禁向顧客要求或索取小費。

14.顧客離開時，必須提醒顧客所攜帶的物品。

第二節　咖啡廳的服務

一、早餐服務

(一)早餐備餐

1.值勤台

(1)備海報架：早餐海報放入大門右側海報架，面向大廳放正。

(2)開側門：值勤櫃中取鑰匙於十點之前將側門打開，鑰匙歸位。

(3)準備報紙：到服務中心櫃台領取，日、中、英文報紙，並且將其分類整齊，排放在酒吧的台上。

(4)準備點菜單的夾子：到儲藏櫃中取出點菜單三聯單的夾子，整齊的排放在出納櫃台。

(5)訂位卡：將客人預訂位子依照客人的指定位置，放上訂位卡。

2.備餐台

(1)準備奶盅：到工作台取出奶盅內裝新鮮牛奶，以備客人的需求。

(2)準備奶水：到廚房取出新鮮奶水放置在「沙拉盆」內，大約是八分滿，上面覆蓋冰塊以便保持新鮮。

(3)準備檸檬：到廚房取出檸檬片放置在「沙拉盆」內，上面覆蓋濕布以便保持檸檬的鮮度。

(4)準備咖啡和茶：到工作櫃取出咖啡壺及紅茶壺至廚房盛

裝咖啡和紅茶後，放置於各區的服務台的保溫爐上，每個服務台各自放置一壺。並且將電源開關打開。

(5)準備三聯式的點菜單：到值勤台領取點菜單，自行保管以備顧客點菜之用。

(6)準備抹布：到布巾櫃取出抹布「稍微濕」，將它放置於服務台，以備擦拭用。

3.準備存櫃

(1)菜卡：先到自助餐台上核對當日自助餐的菜色，選取出相符的菜卡，放置在各菜色的熱鍋把手或盤子的前方。

(2)補菜：必須掌握時間和份量，補菜人員必須注意個人衛生和整潔，指甲要常常修剪，並且隨時要洗手，戴帽子，頭髮不能露出來。

(二)早餐善後

1.值勤台

(1)傳送公文：將公文按分送單位整理，填妥公文簽收、公文名稱、日期、發送單位、傳送者、送交公文時，必須請對方簽收，並且必須在簽收簿內簽名。傳送公文的內容包括下列：

A.人事部：請假單、年假單、勞保單、社團活動單。

B.訓練中心：臨時工需求單、訓練名單。

C.餐飲部：餐廳日誌、餐廳會議記錄、每周、每月營業額分析表。

需要修繕的物品則開立請修單，呈報值勤主管檢核後，連帶待修物品，一併送至工程部簽收。將主管簽核後的請購單送至採購部簽收。員工請假單送至人事部。有關人事的單據送至餐飲部簽核後再送至人事部。

(2)收報紙：早餐後將報紙收回放置在值勤台內。

(3)清理欄杆：先以穩潔噴灑以乾布擦拭乾淨。

(4)保養電話：先以穩潔擦拭電話殼，再使用棉花球與酒精將電話內部，包括電話的聽筒及話筒。消毒，並且放置清香劑一片，對話筒內檢查線路及調整音量、擦拭電話亭或電話台的周圍，補充便修紙、煙灰缸、火柴及其他用品。

(5)清理畫框：清理時必須小心，不要損及畫面，應當用乾布擦拭並扶正畫框，清點數量注意有無遺失或損壞。

(6)清理旋轉門：十點時開啓旋轉門，將玻璃用穩潔擦拭乾淨。

2.收拾場地

(1)歸位桌椅：將所有挪動過的桌椅依照值勤主管的指示擺設，如果沒有訂席，則照一般的配置整齊排列。

(2)清理桌子：以抹布擦拭桌腳，並且調整桌面使其平穩，注意桌腳調整器有無失落或損壞，如有上述情形應當立即換補。

(3)清理椅子：使用抹布或棕毛刷清理椅面，椅背和沙發則是用抹布擦拭椅腳和邊隙，如果需要則加補腳釘，可以將椅子向前半倒放置，下墊口布，以半跪的方式擦拭，注意如有發現損壞的地方，應當立即報告，並且塡寫請修單，交主管簽核，如有污點難以清除，切記不可以隨意處理，必須立即請示主管。

3.清理場地

(1)清潔地毯：餐後用竹掃把，將大廳和廳房清掃乾淨，完畢後將掃把歸放在倉庫內，清理地毯時留意桌椅腳下有

無垃圾，並且檢查及除去盆景內的垃圾。

(2) 拖地板：一般拖把都固定放在餐廳的工作櫃，每日拖地時不需要用肥皂水，因爲用肥皂水會很滑，非常的危險。每周大清洗時則用漂白水加肥皂水洗刷，每次拖地都必須用熱水加漂白水少許，而且要清洗拖把，隨時保持其乾淨，可以使用移動的洗水槽，污水也可以倒於此槽，然後把拖把脫水後，將拖把放置在後面院子晾乾，最後必須將水槽清洗乾淨，不可留下污垢。

(3) 清理地毯：先用掃把將鐵釘木條和硬物清除後，才可以使用吸塵器。使用吸塵器必須小心，不可去碰及家具，留意死角邊沿、櫃子的後面、前後門的門口，留意吸塵器電線的長度以及電源的位置。吸嘴、吸塵袋和橡皮轉帶的通換方法也必須注意，如果有任何難以去除的污點應當立即報知值主管。

4.服務櫃

(1) 補糖水。

(2) 塡椒鹽：先將椒鹽盅全數或分批收回點清數量，將盅內的椒鹽倒至大磁盤中，再放入烤箱內或微波爐內烘乾，將椒鹽盅沖洗烘乾後放些防潮劑再歸位。

(3) 抹醬汁：集中所有醬汁，然後加以分類放置，先將瓶蓋用熱水泡洗烘乾，將未滿的醬汁過瓶塡約八到九分滿後，清理瓶頸，裝上瓶蓋，分類歸位。注意醬汁有否變質，過瓶時要小心氣體醞集並發酵，依照規定處理空瓶，對照安全用量表報塡入所缺少的數量。

(4) 領貨食品：將領貨單呈交值勤的主管簽核，注意領貨的時間，使用指定的推車到食品倉庫領貨，點清數量，並查對規格及廠牌。另外注意有無變質或破損，也必須了解庫存的安全用量，辦理退貨更換的手續，負責將物品安全運回本單位，將物品分類存放，注意不得輕易丟棄空的盒子，呈報值勤主管覆查並填簽登記。

5.儲存櫃

(1)領貨物料：每日定時對表檢查安全用量，將必須補充的數量填入領貨單，交值勤主管簽核後到一般倉庫憑單領取，注意清點正確數量於否。運送物品時使用指定的推車，負責管制物品安全數量，是否全數運回，然後將物品分類歸位，並且作記錄。每周統計用量以及金額呈交領班。

(2)領貨文具：將領貨單呈交值勤主管簽核之後，注意領貨的時間，必須使用指定的推車，到一般倉庫領貨，也必須注意要點清數量，規格及廠牌也要正確，另外注意有無變質及損壞，了解庫存的安全存量，辦理退貨和更換的手續，負責將物品安全的運回本單位，最後將物品分類存放，呈報值勤主管覆查並簽字後登記。

6.整理後圍：包括將牛油、佐料盤、果醬、麵包、調酒棒、杯墊等收拾整理。

7.準備工作台：工作包括將水杯、咖啡杯盤、麵包盤、刀叉器皿、上筷套等擦拭歸位。

8.布巾櫃

(1)清點布巾：將所有的布巾分類清點後，將數量填妥在三聯單上，使用指定的單據填寫，一般都是一式三聯，在單據上詳細的填奪日期、項目、數量、將兩聯交給洗衣組，一聯收回留底以作記錄。

(2)服務巾：清點前先以每十條作一捆紮起來，以便利清點。

(3)圍裙：查視並且清除圍裙上的圖釘或大頭針，然後分件將之捆起來。

(4)抹布：將抹布集中檢查，過於殘舊的就要丟棄。

(5)台布：從布巾車中取一條用過的大台布，將其鋪在地上，然後將其他的台布取出，一一的抖掉其內部的髒屑物，集中放在地上的大台布上，最後用大台布將之捆紮成一堆。

9.送收布巾

(1)先查看布巾登記簿了解數量是多少。

(2)將點好的布巾以布巾車經由指定的路徑至洗衣房。並與洗衣房的工作人員當面點清。

(3)將收執聯拿回存檔，點送完後先清除車內的髒物再憑上次的收執聯領取已經洗好的布巾。

(4)收回布巾時，必須清點正確。

(5)注意要追回上次所欠的布巾必須一併登記。

(6)將布巾運回餐廳先依照規定分類摺好歸位。

(7)注意要將破損有污斑或皺紋的布巾分開放置，登記並報告領班與洗衣房檢討。

(8)注意安全用量，每周作布巾統計報表呈交相關主管。

二、午餐服務

(一)午餐備餐

1.值勤台

(1)準備咖啡與茶：領班於九點半過後，應將午餐所必要的咖啡、茶和茶具以及奶精和檸檬片準備好。

(2) 準備花：事先查明訂席的情形以及自助餐台上所需的盆花和花朵，查看餐廳內現有的花朵的情況以確定需要量。將桌面上的所有花瓶收集到後圍水槽處，先將殘花拿出棄於垃圾筒內，將鮮花的花朵修剪長短，高度鈞花瓶的兩倍即可，花瓶的水換新後插入鮮花，記錄是日送花的數量，以作爲統計之用。

(3) 擺花瓶：將備妥的花瓶分送至各區，依桌面的擺設和地形，分別擺在桌面的正中間，靠牆的一面或無設餐具的餐位處。

(4) 備菜單、酒單：午餐前至值勤台取出菜單及酒單，菜單封套要清潔乾淨，檢查內外頁有否破損或塗改部分，並且清點數量。整理每日菜單，確定每日特別菜單的內容並登記，依照指定的份數分布菜單至各服務台，酒單與桌卡同時應當放置於餐廳的值勤台桌上。

(5) 訂位卡：將訂位的顧客姓名以工整的筆法用黑色簽字筆寫在訂位卡上，放置在客人所訂的桌面，位置以容易使顧客辨認爲宜。訂位卡可以依照客人的要求塡具公司行號的名稱、顧客的頭術等，並且在旁邊註明時間和人數。

2.服務台：工作內容包括將刀叉、湯匙、茶匙、咖啡匙、水杯、咖啡杯盤、煙灰缸、水壺、冰桶、杯墊、餐巾紙、糖盅、奶盅、代糖、桌布、檸檬、醬油碟、筷子、紅茶壺、咖啡壺、點菜單、點菜單插、點菜單夾、火柴、牙籤、吸管、托盤、佐料、汁醬、便條紙等備查。

(二)午餐善後

1.收拾餐具：杯盤碗碟必須加以分類，疊放整齊，不可以疊放過高過多，或過重以免發生危險。玻璃類則必須用另一個托盤歸放，以減低玻璃器皿的破損率，口布桌布不可以與玻璃器皿一起疊放。

2.清理牆壁

(1)必須在備餐台或備餐桌尚未擺設時清理。

(2)使用梯架時，不得站在桌面上。

(3)踏在沙發或椅子上時，必須將鞋子脫掉。

(4)注意畫框不要碰落或碰歪。

(5)必須使用正確的清理器具。

3.清理裝飾品

(1)用乾布將裝飾品擦拭乾淨。

(2)有木質部分用半濕的抹布由上而下的擦拭掉灰塵。

(3)再取一條乾的抹布將木質部分的水份擦乾就可以了。

4.保養推車

(1)外觀的油漆有剝落或碰損時，填寫「請修單」。交值勤主　管簽核後送交工程部修理並加以記錄。

(2)輪軸不順，推動時有異常的聲音，請上機油潤滑。且必須墊報紙以免污及地面。

(3)輪軸損廢時，必須通報主管填寫請修單，交值勤主管簽核後送工程部修理或填寫報廢單，推到指定地點放置。

(4)不鏽鋼推車可用肥皂熱水沖洗再擦乾。

(5)木質推車用半濕的抹布沾少許的肥皂擦洗，再以乾布擦乾。

5.清理櫥櫃

(1)櫥櫃的清理方式依照不同的材質而有所不同。

(2)通常不繡鋼質的可以用水清洗，清洗前先將櫃內物品搬出，以清水抹布加肥皂水沖洗後擦乾。

(3)木質櫃子很怕用水洗。僅僅可以用半濕的抹布沾少許的肥皂水由上而下，由內到外擦拭後再以乾布擦乾。

(4)廚櫃清理乾淨後再將物品依指定的位置分類排放整齊。

6.清理服務台

(1)台內不得放私人物品，不放置火柴，易燃物必須放入鐵盒內，再另外放在安全的地方。

(2)把抽屜拉出清理，重新墊上乾淨的墊布。用抹布小掃子清理。

(3)依照規定的數量將餐具備品放進。

(4)必須注意櫃子後面，不要太靠近牆壁。

(5)注意電源開關。

7.服務台：工作內容包括將筷子、刀叉、湯匙、茶匙、咖啡匙、水果叉、牛油刀、水杯、煙灰缸、桌布、餐巾紙、咖啡杯盤、火柴、椒鹽盅、糖盅、摺餐紙、糖水盅、牙籤盅、抹汁醬瓶等清查準備。

8.整理工作台：將刀叉、器皿、水杯、上筷套等擦拭後歸位。

9.整理後圍：將牛油、佐料盤、麵包籃、調酒棒、杯墊等收拾整理。

10.布巾櫃

(1)清點布巾：包括服務巾、圍裙、抹布。

(2)送收布巾：查看布巾登記簿，了解數量。將布巾車經由指定的路徑推至洗衣房，收回布巾時應當清點並登記。要注意追回上次所欠之布巾也要一併登記，將布巾運回餐廳，先依照規定分類摺好並歸位。要將破損有污斑或縐紋的布巾分開放置，將它登記並報告主管與洗衣房檢討。最後注意安全用量，並作每周的布巾統計報表呈給主管。

三、晚餐服務

(一)晚餐備餐

1.服務台查備：工作內容包括將刀叉、湯匙、茶匙、咖啡匙、水杯、咖啡共盤、煙灰缸、水壺、冰桶杯墊、餐巾紙、糖盅、代糖、桌布、檸檬、醬油碟、筷子、紅茶壺、咖啡壺、點菜單、火柴、牙籤、吸管托盤、抹布、佐料、汁醬、便條紙等清查準備。

2.準備冰槽：先倒出冰槽內的積水清洗擦拭抖淨後，再使用水桶裝冰塊倒入冰槽內添到約九分滿。

(二)晚餐善後

1.整理後圍：將未使用而收回的或剩餘的牛油，果醬集中放置，再將蒐集累積之牛油、果醬交予廚師「作其他的用途」，麵包也相同方式處理。調酒棒和櫻桃叉蒐集歸回酒吧，如果有還可使用的杯墊，集中晾乾後收歸服務台，將用剩的佐料盤歸還廚房的廚師，以便控制成本。

2.整理工作台

(1)擦拭歸位：將各項刀叉器皿、水杯、上筷套整理完畢歸到原位。

(2)擦拭刀叉

A.找地點：找一個適當的工作範圍。

B.搬刀叉：至洗碗區將洗淨的刀叉搬至工作範圍處。

C.備熱水：裝熱水的容器必須清洗乾淨，再將熱水裝在容器內。

D.約六、七分滿：由於水溫必須較高，所以要注意安全以免被燙傷。

E.備口布：使用已經不堪使用或已破損的乾淨口布，擦拭刀叉。

F.備托盤：將適量的托盤墊上乾淨的口布，放置好刀叉。

G.燙刀叉：將適量的刀叉分類輪翻浸泡後，趁熱立即擦拭。

H.擦刀叉：一手拿著口布，一手將已經熱溫過的刀叉放在口布上，擦拭刀柄及刀身，必須注意擦拭時刀鋒向外以免割破口布，甚至於割到手。

I.歸類：刀叉分類蒐集放置，另外將損壞的刀叉集中，並且作記錄。

J.歸位：全部擦拭完畢之後，將刀叉分類歸位到原來的工作櫃中。

K.善後：清理工作場地，將用具歸還，並且放置妥當。

3.布巾櫃：清點布巾

(1)攤點布巾的地點不能擋路。

(2)清點時，先將碎屑抖出並且分類放置。

(3)每十條做一捆點。

(4)放置在布巾車內。

(5)必須將數量填入送洗單及登記簿並且簽字以示負責。

(6)最後，善後的工作將地面打掃乾淨。

四、宵夜服務

(一)宵夜備餐

1.值勤台

(1)關門：每天晚上十點，將各個進出口的門關閉，鎖上鎖門時應當再注意一遍，是否還有其他員工還未下班，確定後，掛上告示牌，以便讓客人知曉，餐廳打烊了。

(2)查住房率：如果這家咖啡廳是大飯店內的咖啡廳，則每天晚上九點後，由值勤者和客房大櫃台聯絡，詢問今晚的住房率，並且立即報知值勤主管，以便準備明日營運作業的預測和安排。

2.服務台：工作內容包括將刀叉、水果叉、牛油刀、椒鹽、果醬、鋁箔紙、保鮮膜、楓糖盅、糖水盅、蜂蜜盅、麵包盤、托盤、湯匙、茶匙、咖啡匙、咖啡杯盤、水杯、水壺、火柴、煙灰缸、牙籤、吸管、杯墊、糖包、代糖、汁醬、醬油碟、筷子、點菜單、點菜單的插座、桌布、桌墊紙、餐巾紙、便條紙等清點備妥。

(二)宵夜善後

1.收拾場地

(1)桌椅歸位。

(2)清理桌面

A.先將椅子放正。

B.用托盤分類疊放碟、盤器皿等。

C.再送至洗碗區洗滌，但是必須分類送洗。

D.更換桌布，擺設餐具，保持寧靜。

(3)清理茶及咖啡壺

A.打烊後將咖啡壺及茶壺一併清洗。

B.清點數量。

C.先將咖啡壺、茶壺內的餘渣倒入水槽內。

D.以熱水沖洗數遍。

E.最後將咖啡壺及茶壺倒置放入工作櫃內上鎖。

(4)清理保溫箱：打烊時將保溫箱的電源插頭拔掉，再以抹布內外擦拭乾淨，並且將咖啡杯補充完備，疊放整齊。

(5)清理保溫爐：打烊時將保溫爐的電源插頭拔掉，再用半濕的抹布擦拭爐子的上面污垢，最後再檢查一次，電源是否確實有關閉了。

(6)清理冰槽。

2.布置場地

(1)搬併桌椅

A.先查看訂位和桌位配置圖以了解工作範圍。

B.移動桌椅時必須注意避免碰撞。

C.用雙手搬移不可以亂拉。

D.小心避免碰損家具或傷及地毯。

E.大量搬運時可以使用推車，但是堆疊時必須排列整齊，以免跌落。

(2)鋪設桌布

A.桌布的摺骨「十字形」在正中央。

B.桌布的邊緣下垂部分長度均等。

C.如果是鋪設一排長桌，那麼摺骨必須在中央並形成一條長的直線。

D.有破損、油污、或斑漬的桌巾，應當立即更換乾淨的桌巾。

E.需要鋪設兩張以上的長方桌時，以大門或走道爲準。由外向內鋪設。

F.最後鋪台心布。

(3)擺設餐桌：將下列的物品擺齊在餐桌面上，包括椒鹽盅、糖盅、牙籤、煙灰缸、火柴、桌號牌、桌卡、意見卡、花瓶、麵包籃。

(4)擺設餐具

A.先將椅子對齊。

B.再將桌墊紙正面向著客座，標幟向上。

C.底線與桌緣平行。

D.餐巾紙直放桌墊左邊，標幟向上。

E.底邊與桌緣距離約兩指的寬度。

F.將餐刀擺設在右，餐叉在左。

G.餐叉置於餐巾紙的中線上，以餐位中心爲基準。兩者的相距約九吋。柄端離桌緣約兩指寬。

H.必須注意，擺設時手指不可以觸及餐具。

I.另外必須注意並確定餐具的清潔與亮麗。

J.隨時及留意如果有發現磨損或扭曲的餐具，應當立即更換，並且登記作廢。

五、接待顧客服務要點

(一)領台

是第一位與顧客接觸的餐廳從業人員，所以他必須能眞正的重視顧客的光顧之高度的警覺性，能夠隨時辨認並發覺顧客的光臨，並且必須有能力給予顧客良好的印象。

(二)迎接顧客

站立崗位，必須隨時能夠立刻迎上從任何入口處進來的顧客，歡迎顧客的光臨，友善地問候顧客，適切地向顧客請示以確定顧客的人數與訂位。在流動量較高的咖啡廳，一般事先的訂席不多，雖然不容易確認顧客的姓名，但是，對有印象的顧客面孔在接待時可以友善的問安。

(三)帶位入座

遵循顧客的意向，帶位入座，入座時必須考慮以下幾點：

1.盡可能遵循顧客的意向：請示是使用吸煙區或是非吸煙區。或者顧客可能比較坐在靠窗或是比較喜歡坐沙發。

2.有些較不理想的座位：如廚房的出菜口，動線的繁忙區，或者是服務台附近，這些座位，除非已經快客滿了，才可以考慮將顧客帶入這些區域的座位。

3.咖啡廳的重點是以服務快速爲主：因此隨時機動性的安排顧客到較不忙碌的區域，使該位服務人員能夠有充足的時間來服務客人，而不致於因過度的忙碌有所疏忽，而待慢了顧客。

4.遞送菜單：遞送菜單給客人，並且介紹今日的特別菜單，就先退到一旁，等待顧客的招呼。

5.可能的情況：介紹同仁，介紹負責該座位的服務員以加強顧客對服務的信心，參予服務，倒水或倒咖啡(在早餐忙碌的時候)。

6.服務員

(1)負責熟記菜單中的菜色項目、內容、價格和每日特別的菜色。

(2)對於上述的菜色視情況可以作建議性的促銷，以便提高餐廳的平均消費額。

(3)不時嘗試促銷各種菜色、甜點、餐前和餐後的飲料。

(4)熟悉並習慣促銷的作業，可讓顧客感受被尊重，而覺得愉快。

(5)可以從業績的成長中肯定自我，並且可以與所有同仁分享公司的利潤。

(6)咖啡廳的平均消費額一般都不高，因此除了作促銷外，翻桌是增加咖啡廳業績的最佳方法之一，快速的服務方才可以達成這個目的。

(7)迅速謹慎，有能力同時處理多項的服務。

(8)能與成人和孩童相處。

(9)能了解家長的需要並且給予協助。例如更換小孩的高椅，配合家長教導兒童進食等使用技巧。

(10)表示對有些必須趕時間客人的關心，並且在作業中考慮與配合到顧客的時間表。

7.問候請安

(1)當客人入座時向顧客請安，配合領台推拉桌椅，招呼客人入座。

(2)在早餐時刻，友善誠意的向每位顧客問候早安，這種問候請安，常常會讓一般在清晨情緒較不穩定的顧客對服務同仁感到或產生好感，甚至會使顧客對全餐廳或全飯店的觀感大爲增加好的印象。

(3)盡可能在第一時間上前服務，但在忙碌中無法立即作到時，切記要先向顧客招呼一聲。

(4)注意，盡可能不讓客人空坐著等待。一般在早餐都會先上咖啡、麵包、牛油、果醬或遞上報紙。

(5)顧客入座後適時的建議促銷餐前的飲料。

8.呈遞菜單：遞送菜單給客人，提供有關菜單方面的資訊，介紹每日特別菜單。

9.點菜

(1)當客人準備好的時候，就可以上前請示顧客，是否可以開始點菜。

(2)服務人員必須有能力正確的回答顧客有關菜單項目、內容和每日特別菜單方面的問題。

(3)並且能夠告知顧客那些菜色是用時較久或某樣菜色是用時較快的，使顧客能夠了解以作決定。

(4)如果需要比較久的時間，一定要告訴客人大約需多少時間，以免客人等太久會不高興。

10.點餐酒：服務人員必須隨時掌握促銷餐酒的時機，例如，外面天氣熱的時候，可以適時的推銷一杯冰涼的生啤酒。

11.開立點菜單：服務人員必須遵循公司的規定，處理點菜單，並且憑點菜單，出菜與收錢。第一聯交餐廳出納，第二聯給廚房準備出菜用，第三聯放置於客人桌上。點菜單如果必須塗改，則必須有權人的簽字，如領班以上主管等。如需要作廢則也必須有權人的簽字。

12.服務包油：用餐時先上麵包牛油。

13.特別要求：顧客有特別的要求，應該按照顧客的要求，並且再主動到廚房跟廚師交待。

14.上菜：依照顧客所點的立即將烹調或調配好的菜色和菜

餚，服務顧客。

15.服務主菜：在客人等待主菜的同時，一般先上沙拉。

16.收餐盤：顧客用完每道菜之後，收回餐盤與其他器皿，並且將收回的器皿分類疊放送洗，並將殘屑倒入垃圾筒內。

17.服務用餐

(1)專心服務，伺候顧客，並留意顧客的要求。

(2)不時的在適切的情況下詢問顧客是否需要增加菜色。

(3)顧客有其他要求時，順便更換餐桌上使用過的煙灰缸，並且送洗。

(4)完成其他工作內的要求，視營業情況隨時補足餐具以及備品。

18.促銷甜點：餐後遞上菜單以便提供顧客來選擇甜點。

19.結帳

(1)當顧客想結帳時，服務人員應當適時的呈示帳單，在確定顧客不再增點菜色時，可以先將趕時間的顧客之帳單打出等候，以便節省客人結帳的時間。

(2)主動詢問客人是否需要統一編號。

(3)如果是房客帳，應該先告知出納，因爲發票只是一種確認的單據，並沒有房間號碼。

(4)會員卡或是貴賓卡，必須本人才可以使用。

(5)如果客人希望簽「現金借支單」，服務人員不可以隨便答應，必須熟客或是已知的公司機構，但是仍然必須經由「有權人的」簽字。

20.送客：感謝顧客的光臨，注意有無顧客遺漏的任何隨身物品，隨時注意餐廳內的財產安全，爲顧客照顧其隨身的物品，不要讓小偷有機可乘。

21.收拾桌面：當顧客離去之後，應該立即重設桌面。

22.服務生

(1)協助服務員作業，傳送菜色。

(2)收拾和擺設餐桌。

(3)倒水、倒咖啡和倒飲料。

(4)備餐的工作。

(5)自助餐的服務。

(6)派湯。

(7)派沙拉醬。

(8)派牛油和麵包。

23.隨時進行下列事項

(1)接聽電話：接起電話時，必須要特別注意電話禮貌，口吻親切、音調適中。

(2)尋人：依照顧客的國籍語言廣播，應該簡短清楚，如非特別指明切勿廣播客人的「房號」。

(3)介紹指引：如果有客人想要了解或不甚了解本飯店設施的時候，應該隨時予以介紹。包括介紹菜單的特色及各廳房的設施，或依客人訂席的性質作進一步的介紹說明，隨時作到指引帶領的工作。

24.依照公司的作業系統處理顧客的抱怨

(1)產品問題的抱怨，立即將之轉達廚師或調酒員。

(2)問題在一分鐘內仍然沒能糾正，就必須通知值勤主管注意。

(3)無論如何要使值勤主管能在抱怨發生後五分鐘內，就能留意到它的存在。

25.不作任何的假定以達成品質管理與控制

(1)廚師

A.叫單必須正確。

B.隨時提出詢問，絕對不作任何假定。

C.對任何的障礙或延誤作立即的溝通。

(2)廚房

A.廚房中所有崗位皆能負責，並且以正確的作法完成產品。

B.隨時發問，絕對不作任何假定。

(3)領班

A.使用正確的簡寫。

B.字跡清晰。

C.詳細註明特別的要求，並且對廚師和服務員作口頭上的說明。

D.絕對不作任何假定。

E.對所點的各項菜色的齊全作鑑定。

F.對各項烹調方法的正確與擺設作鑑定。

G.以正確的方法陳示和準備各項菜色。

(4)服務員

A.隨時發問。

B.隨時與主廚溝通。

C.絕對不作任何假定。

D.在傳送菜色並鑑定其完整時，必須看看是否所有各項到齊，或各項吻合，或所有的溫度正確。

第三節　西餐廳的服務

每一家餐廳都會建立適用的服務方式，以及規則。西餐的服務方式，可以分有美式、俄式、法式、英式、櫃台式、自助式及半自助式等。然而西餐廳應當使用那一種服務方式最佳，卻是見人見智。原則上，應當依照餐廳的菜單、工作人員的訓練與技巧、餐廳的目標市場，及餐廳的競爭者所提供的服務方式等客觀的因素來決定。沒有那一種服務方式是最好的，因爲每一種服務方式都是爲了迎合不同的需要及狀況而去設計的。

一、服務方式

(一)美式的服務

美式的服務其要點在於「廚房人員」先將烹調好的食物一一裝在盤內後，由服務人員將裝飾好的餐盤端至用餐區，讓顧客享用。

美式的服務比較適用於翻台次數頻繁的餐廳，如咖啡廳、簡餐廳、速食店等。宴會中也可以使用美式的服務，因爲若服務的速度快，可以服務大量的顧客。它的優點爲服務時快速有力，同時可服務多位顧客，缺點爲並不是一種親切、高級的服務方式。

(二)俄式的服務

俄式的服務要點，是將烹調好的食物放在大盤中，而後由服務人員自廚房端出至用餐室，展示給顧客看過之後，將盤中的菜餚盛至顧客的盤子裡。服務人員盛菜時必須站在顧客的左邊，以左手拿大盤，右手使用服務的叉匙，技巧熟練且優雅的盛菜。

俄式的服務適用於精緻華麗的宴會，或任何人數很多，需要短時間內完成食物供應的場合。俄式服務的優點，爲人員訓練不太困難，而需要的人力不多，所需占用的空間也不大；缺點是服務的過程比較慢。

(三)法式的服務

旁桌以及手推的爐車是正式的法式服務中最重要的設備。旁桌是可以推到顧客用餐桌前的小服務桌。旁桌式的服務，服務人員先將旁桌推至顧客的餐桌旁，而後將菜餚由廚房中拿出，放在旁桌上，在詢問過顧客所需的分量後，將菜餚盛入餐盤中並服務顧客。

手推爐車是有瓦斯爐裝置的小推車，可當場執行烹調的工作，以手推爐車服務顧客時，服務人員先將手推爐車及生貨推至顧客的餐桌旁，在詢問過顧客的喜好之口味後，於手推爐車烹調食物，並服務顧客。

法式的服務適用於需在顧客面前調理菜餚的桌邊服務之高級餐廳中，可以提供顧客最周到的個人服務，並且使顧客感覺受到重視。這種服務方式其速度非常的緩慢，需要較多的人手操作，而且訓練不容易，另外，因爲使用旁桌或手推爐車，因此需要較大的空間來服務，將會使餐廳可以提供的座位數減少。

(四)英式的服務

英式的服務與俄式的服務一樣，是先將烹調好的菜餚裝入大的盛器內，而後由服務人員端至用餐桌上，顧客以傳遞菜盤的方式，將菜餚盛入餐盤。

如果菜餚中包括現片「Carving」的主菜，則是由服務人員將需要現片的菜餚端到餐桌，由主人將肉切開裝入盤內，而後再傳遞盛菜盤，由顧客將菜餚盛入餐盤中。在餐廳中，這項現片菜餚的工作可由一位熟練切割的服務人員擔任。

英式的服務適用於家庭式的餐廳，當宴會中需要較快速的服務時，也可以使用英式的服務。這種服務方式的好處是迅速，不占空間，也不需要太多的服務人員，顧客可以依照食量盛菜。缺點是有些菜餚，如魚或蛋捲等較柔軟的食物，並不太適合這種服務的方式。而且如果顧客點了很多不相同的菜餚時，桌上的盛菜盤將會相當的擁擠及零亂。為了避免前面盛菜的顧客盛太多分量的菜，廚房人員在盛菜入盤時，最好先將分量平均切好。

(五)櫃台式的服務

櫃台式的服務，其目的是快速銷售。顧客在櫃台處點菜、領餐、付款。並且將所點的菜餚端至座位用餐，服務的過程以最少的對話完成，服務人員的主要工作包括，為顧客拿餐、結帳及清理桌面。為了加速顧客作點餐的決定，簡餐店都會將食物的照片陳列在牆上或是在菜單上。

由於服務人員在同一段時間內要服務的顧客很多，因此餐廳、櫃台、廚房的設計動線，必須符合「易於點叫、領取食物及快速供應」等三個原則，使得花費在走動的時間越短越好。

(六)自助式服務及半自助式服務

為較新式的服務，在一百年前由美國人叫約翰．克魯各在芝加哥首創這種餐館。本來在高級的法國餐廳都設有冷盤展示台，放置調製好的肉與魚以及水果和點心等，法語稱之為“Buffet Froid”，只有供應菜單中能由服務人員直接取得而服務的一小部分食物。克魯各首創在類似的展示台上供應全部的菜單項目，並且由顧客自行取用，因此被稱為「自助餐」。

這種餐廳的布置就如同一般餐桌服務的餐廳一樣，顧客就座後，就可以隨時前往自助餐台選用食物。餐盤擺於餐台的前端，菜餚依菜單的順序擺放，通常由顧客自取，有時亦可以由服務人員代為打菜，以增進取菜的速度，有的爐烤菜亦可由服務人員當場表演切割服務。

至於餐具有的是將每樣菜所需要的餐具分別擺在每道由顧客自行選用；有的已經擺在餐桌上，顧客吃完一盤，還可以重新取用。所以顧客可以自己選擇前菜、主菜、點心等，而可以逐一享用。

這種餐廳可以是完全由顧客自助，也可以加一點人的服務，通常補助性的食物，例如飲料及麵包，可由服務人員來服務，有時由於顧客不習慣拿湯走路，因此容易將湯濺了滿地，所以湯也可以由服務人員來服務。

自助餐台，可以擺成各式各樣的形狀，並且可以設計主題，利用鮮花、冰雕、燈光以及其他的各種物品，將「自助餐台」裝飾得美侖美奐，也可以依照不同的菜單項目，而分成數座獨立的自助餐台，例如沙拉吧、點心桌、水果山、等都是自助餐服務的應用。

二、上菜前的準備工作

(一)餐具、佐料、飲料擺設事先擺設

服務人員在任何一道菜色上菜之前，必須先將菜餚所使用的餐具擺設在餐桌上的正確位置。擺設餐具之前，也必須將所要用的餐具準備在墊著餐巾的乾淨餐盤上，然後帶到餐桌放在正確的位置。

如果有任何附屬的用品，例如保溫用的盤蓋、上菜的時候所必須附帶的佐料和菜餚搭配的飲料等等，都必須在上菜前準備就緒，擺放在餐桌上。

(二)確認菜色、份量及上菜順序

出菜之前，服務人員一定要知道顧客所點的各項菜色、分量、先後的上菜順序，以及每一道菜烹調的時間。需要和廚房必須密切的配合，避免上菜時間太快或太慢或造成服務上的混亂，以致於影響了顧客用餐的情緒。

(三)注意衛生及安全

出菜的時候，服務人員準備一條乾淨的手巾，以免拿盤子時燙傷。為了衛生的緣故，應當避免手指碰到盤、碟中的菜餚。如果盤太多不易搬運，應當使用托盤，將食物或飲料整齊的擺在托盤上，拿到用餐區。

三、上菜的服務要點

服務人員在上菜之前，一定先核對菜色和菜單上所列內容是否相符合，或沒有任何份量不足以及其他疑問之後，才可以上菜。

茲將上菜的服務要點說明如下：

1. 所有的食物由顧客的左邊，以服務人員的左手供應。在法式服務的餐廳，則以顧客的右邊，以服務人員的右手供應。
2. 所有的飲料由顧客的右邊，以服務人員的右手供應，有些餐廳認為「湯類」為液體，應當視為飲料，因此可以依照餐廳的規定，由顧客的左邊或右邊都可以供應。
3. 服務的順序與點餐的順序一樣，都是先服務女士、長者、小孩，而後才是男士，男主人則永遠是最後的。
4. 所有的菜以西餐用餐的順序同步上菜，也就是，由開胃菜，包括「冷盤或沙拉」，湯、開胃熱盤、主菜、起士、點心到咖啡或茶。
5. 當有些顧客點了開胃菜而沒有點湯，有些顧客點了湯，但沒有點菜的時候，應當詢問客人是否願意開胃菜及湯同時供應。
6. 服務熱湯、熱茶、熱咖啡或其他有熱湯汁的菜時，必須要特別小心，為了減少意外的發生，上菜或者是收拾餐具的時候，應該說：「對不起」。以提醒顧客後面有人在服務了。
7. 服務時必定要記得永遠往前走，不要後退，以避免站在後面手拿著菜餚的服務人員，容易因爲前面服務人員的後退而產生意外。

8.一般在餐廳禮節上，有一些菜餚是容許用手食用的，例如「龍蝦、蝦類、生蠔、蘆筍或一些水果等，這時，就必須準備洗手盅，而在洗手盅放入約一半到三分之二的溫水，再加上一片檸檬。

9.服務完主菜後，如果顧客沒有點用起士，餐桌上除了水杯、酒杯煙灰缸以及點心餐具之外，全部的餐具及用品應當收拾乾淨，然後刷清桌面。當然「酒杯」也可以徵詢客人的意見，決定是否要收。

10.原則上點心、咖啡及茶可以一起點，當點心用完，收走點心盤之後，才能服務咖啡或茶。收拾點心盤的時候，如果盤內還留有點心，則必須先向客人詢問，客人同意了才可以收拾。這時候，餐桌上就只剩下水杯、煙灰缸、奶盅與糖盅。而奶盅應當在上咖啡及茶時先端至餐桌上。

四、用餐中台面的清理要點

1.不可以在顧客面前，擦刮盤子，或清理殘菜。

2.收盤的服務順序，與點菜及上菜時相同。

3.收盤碟和餐具的時候，應當從顧客的右邊，以服務人員的右手取走，通常每次不要超過四個盤子。

4.收拾杯子的時候，應當從顧客的右邊，以服務人員的右手取走，但是最好使用托盤。

5.用餐中，如果需要服務兩種以上的餐中酒，通常是喝完一種之後，就將杯子收走，以免餐桌上滿是杯子。

6.顧客享用主菜之後，服務人員用服務巾將餐桌的桌面碎屑掃入盤中的時候，必須要很客氣的操作，以免讓顧客覺得是他們將餐桌弄的亂七八糟。

五、用餐中服務的注意事項

1. 對待顧客必須一視同仁，不可以有雙重標準。
2. 行走的時候，如果遇到顧客，應當讓顧客先行，並且不可以追逐奔跑。
3. 服務人員說話聲音應當溫和，接聽電話時的聲音不可以過高，以免影響顧客用餐的氣氛。
4. 服務人員不可以介入顧客的談話，更不得批評顧客的任何舉動。
5. 就算生意還沒忙碌，服務人員同仁間不可以聚集在一起聊天、談笑、應該彼此互相協助。
6. 意外的事件發生時，應當鎮定的處理，不要引起顧客的恐慌。
7. 服務人員不得於餐廳中用餐、酗酒、吃零食或閒坐。
8. 應當隨時保持顧客餐桌上煙灰缸的清潔，當煙灰缸內有兩個以上煙蒂的時候，必須更換煙灰缸。
9. 對於顧客所交待的事情，應當盡量達成，如果無法辦到，也應當婉轉的向顧客說明。
10. 應當隨時補充顧客水杯內的水，不要讓顧客的水杯有空杯的情形。
11. 隨時保持餐桌的整潔。
12. 結帳必須正確迅速。

第四節　日本餐廳的服務工作流程

一、備餐善後

(一)一般程序

1.餐桌擺設

(1)桌墊要對稱，與桌面對齊。

(2)筷子要對稱。

(3)筷架距離桌邊約兩指寬。

(4)口布開口向桌墊而且置放於右手。

(5)鹽巴匙向桌面。

(6)醬酒罐的口向著鹽巴罐。

(7)紙巾要適量。

(8)煙灰缸要放火柴。

2.拼搬桌椅

(1)搬桌椅時必須小心，避免碰撞。

(2)小吃部椅整往桌邊靠，也就是，右邊的椅子往右邊靠，左邊的椅子往左邊靠。

(3)壽司吧台的所有椅子排列間隔均要平均。

(4)榻榻米的房間之椅子依照訂席數而定，多的椅子收進衣櫃內或是拿到另外儲藏室

(5)平均每間榻榻米留有六張椅子，小一點的房間則只留三張。

(6)多出來的洋式坐椅，必須整齊的排列在進入房間處的走廊邊。

3.早上清潔

(1)將所有餐桌擦拭過後，擺設餐具。

(2)擺設餐具時必須注意牙籤、醬油、餐巾紙、火柴、鹽巴、筷套等是否乾淨，以及是否有補齊，另外煙灰缸是否補足了。

(3)榻榻米房間則必須注意每塊榻榻米、古董、畫以及置放古董的地方是全部擦拭乾淨。

(4)大廳、房間、壽司台也全部必須特別注意地板或地毯的清潔。

(5)工作台也必須整理乾淨，並且準備好所有的備品。

4.布巾送洗

(1)先將清洗前的口布、台布、毛巾的數量清點清楚，並且填寫洗衣單。

(2)以推車送到洗衣房清洗，依照所規定的時間。

(3)下午按照規定的時間到洗衣房領取，但是在領取時必須點妥數量，再領回來，不得有少。

(4)台布有分大小，布簾要用塑膠袋裝好再送洗。

(5)毛巾破損應當更新，但是不必要丟棄，還可以再利用，而口布、台布破損則集中再報廢。

5.準備菜單

原則上，各個區域，每月必須備妥足夠數量的菜單。區域包括：

(1)壽司台：一般放置在工作台的上方。

(2)小吃部。

(3)房間部。

(4)櫃台。

6.領台菜單：必須放置有菜單一份，早上由領台負責擺放，在下班前就收回，菜單必須妥善保存。

7.備茶水

(1)將包廂部、小吃部、壽司台三區域的茶桶集中，並且注滿約七分滿，取自熱水器的熱水。

(2)將茶葉適量「約一匙半」放入茶桶的過濾器上，並且先用熱水沖洗一次。

(3)將各茶桶，裝好茶水，取回各區域的工作台，約營業前半小時再插電泡茶。

(4)包廂部另外準備有綠茶，熱開水一桶，當客人用完餐必須換茶時，則必須「現泡」給客人，並且綠茶的茶葉不可以泡在熱水中太久，約五秒鐘就得倒出。

(5)另外同時更換毛巾。

8.電源及瓦斯

(1)每位服務生必須了解，餐廳的冷氣開關在何處。

(2)每位服務生也必須知道大廳及房間所有燈的開關。

(3)熱水如果用電的，也必須讓員工清楚的貼示。

(4)使用瓦斯，應告知員工瓦斯的總開關在何處。

9.托盤

(1)托盤分木製長形托盤、黑色方托盤，以及小圓托盤三種。

(2)每天必須要準備木製托盤二十個，方托盤十個於出菜台的櫃子上。

(3)壽司台、大廳、房間各準備有一定數量的小圓托盤以便提供毛巾、茶水和上菜之用。

(4)托盤必須每天擦拭乾淨，並且定時的洗滌及保養。

10.布巾櫃

(1)口布放置於大廳的廚櫃。

(2)台布則放置於大廳的備餐台內。

(3)毛巾平時折好，就放在各區域的保溫箱內，下班前則統一拿到一個固定的地方通風晾乾。

(4)布巾類必須要折放整齊。

11.値勤台

(1)將每日必須用品整齊放好。

(2)補足便條紙，及削好的鉛筆。

(3)訂席本要歸位放好。

(4)注意打卡鐘的印泥，如果不夠應當隨時補充。

(5)電話保持乾淨，並且常常擦拭。

(6)壽司吧的圓椅要排列整齊。

(7)報紙要整理好。

(8)門口的鹽巴要堆好。

(二)午餐善後

1.將全部桌面收拾乾淨，並且補足桌面的擺設。

2.補足所有的必備品，例如醬油碟、骨盤、醬油、茶杯等。

3.準備要泡茶的茶葉、茶桶。

4.關燈。

5.在營業前半小時將茶桶的電源插上，準備泡茶。

(三)晚餐善後

1.將洗好的餐具收入餐具盒內。

2.將銀器、煙灰缸、洗好的茶桶放在指定房間的桌子上。

3.將所有未用過的毛巾集中，用托盤擺放著。放置在指定的房

間內。

4.包廂的拖鞋要必須全部收入箱子內放好。

5.壽司部、小吃部桌面的餐具，擺設全部分類集中，並且收入櫃子內。

6.將大廳的菜單收到工作台下，壽司部的菜單，則收入備餐台內。

7.將所有的餐具蓋上口布。

8.將溫酒器內的清酒全部倒出，存入冰箱。

9.拔掉所有的電源。

10.關掉所有的瓦斯開關。

11.計算口布，並將使用過的毛巾，收至倉庫。

12.關燈、關冷氣。

13.將鑰匙交到安全室。

(四)離開前的總檢查

1.檢查所有的餐具是否收妥，櫃子是否鎖妥。

2.瓦斯、電源、燈是否關妥。

3.餐廳的鑰匙，是否交到安全室。

4.最後鎖辦公室。

二、顧客服務

(一)領台

1.是第一位與顧客接觸的員工，因此儀態、服裝、儀容必須端莊。

2.必須要有高度的警覺性，能夠立即發覺顧客的光臨。

3.能夠馬上確認出顧客的頭銜。

4.隨時保持禮貌的微笑。

(二)迎賓

1.站立在崗位上，能夠清楚的看見從任何入口處進來的顧客。

2.以最誠懇的態度問客人。問客人的同時，以高度的警覺性辨認顧客有無訂席或以親切的口吻請示客人：「請問您一共有幾位？」或者當我們看見一對夫婦或情侶時，可以直接問客人：「請問您兩位嗎？」即可，不必再問：「請問您們有幾位 ?」。

3.如果是常客，便可以直接知道客人所訂的位子，直接引導他們入座，讓客更肯定你敏銳的觀察力，可以加深他們對餐廳的好印象。

4.在領台即將帶位時，如果有同時到達的客人，需以禮貌及歉意的口吻向客表非：「對不起，先生請稍候」。

5.將先到的客人安排入座後，回頭立即接待等待中的客人。

在客人皆未到達前，所有領班都必須參與接待的工作，以表示眞誠歡迎之意。

(三)帶位入座

1.遵循顧客的意見帶位入座。一般日本餐廳的動線很長，分有壽司吧台、小吃部、包廂等，帶位時，盡可能遵循顧客的意見。或請示顧客喜歡坐那裡。

2.比較不理想的位置，比如出入口、服務台旁等，除非座位已經滿了，再考慮將客人帶入。

3.如果是包廂的客人，應當走在客人的前方約五步的距離引導顧客入座，途中適時的回頭關心，以表示誠懇歡迎之意。

(四)推接桌椅

1.客人帶到餐桌前，應當打招呼：「您好，歡迎光臨。」

2.知道客人的頭銜時可以直接稱呼他的頭銜。

3.將椅子拉開，先幫女士拉椅子，以雙手握住椅把子，順著客人的坐姿平穩的推入。

4.注意客人坐得滿意與否，並且作即時的調整。

5.同時迅速查看桌面的擺設是否齊全。

(五)攤口布

1.壽司吧台的客人由右方攤口布。

2.小吃部或包廂部，因爲桌子與地形的關係，因此適情況由左方或由右方爲顧客攤口布。

(六)遞毛巾

在每位客人到達就座後，立即送上熱毛巾。遞於客人的左手邊，並且說：「先生、小姐請用熱毛巾。」

(七)上茶水

當領台員引導客人就座後，服務人員立即送上熱茶，並且禮貌微笑的告訴顧客：「先生、小姐，請用熱茶。」

(八)加減餐具

當客人都到齊之後，請示主人客數後，將多餘的餐具用托盤收回或由服務台再補上需要追加的餐具。

(九)送菜單

菜單應當用左手抱在左胸前，遞送給客人時，必須將菜單攤開來，並且微笑的告訴客人：「您請看菜單。」

(十)點菜推銷

1.由領班級以上的從業人員負責執行。

2.每日必須熟知當天的主廚特別推薦的菜色，包括小菜類或烤魚類等。

3.向客人介紹本餐廳的特色，包括季節性的懷石料理之內容，但是記得必須尊重客人的意見。

4.領班必須熟記常客的習性及嗜好。

5.注意技巧、不要得罪客人，也不要推銷過量，但是，一定要讓客人吃飽。而且要讓客人吃得開心，花錢也不覺得心痛爲原則。

6.當客人所點的菜全部用完或已經全部上桌，必須再次問客人是否還要補充任何東西。

(十一)餐中服務

1.領班必須注意控制出菜的時間，客人的臨時需要及一切突發的狀況。

2.服務員必須注意客人的酒水或「茶水」，隨時補充。

3.爲客人換餐盤及上菜，注意上下餐盤必須問過客人，且經過客人的同意。上菜時也必須告知客人此道菜的名稱及吃法。

4.注意煙灰缸，缸內有三隻煙蒂即必須換掉。

5.客人如果離座，即將其口布折成長方形，並且放在坐椅上。

6.爲客人上菜或任何服務，必須從客人的後右方著手，決不可跨越客人面前作服務。

(十二)酒類服務

1.日本餐廳的酒類，特色爲清酒，可以冰著喝，也有溫熱的喝，可以依照客人的喜好替客人服務。

2.冰酒類，如冰「清酒」或「啤酒」等，必須先作「冰杯」的工作，使冰酒類喝起來能更加冰涼透徹，並且更香。

(十三)收拾桌面

1.當客人起身即將離去的時候，應說：「謝謝您的光臨」。之後先將所有的椅子靠回，用托盤將桌面擦拭乾淨後，重新擺設新餐具，並且檢視餐桌的備品，如牙籤、餐巾紙、醬油等有無備齊全。

2.在餐中爲客人收拾桌面時，應當先請示客人。並且小心輕放決不可以製造出噪音來，碗盤不可疊碗盤，或刮剩菜。

3.碗盤收入廚房後應當先將剩菜倒掉後，再將碗盤拿給洗碗組的員工清洗。

(十四)餐後水果

1.確定客人所有的菜都上完後，詢問客人對於餐的分量足夠與否後，即可以上餐後茶。再將桌面的所有餐具收拾乾淨，並且上水果，最後將客人的鞋子放在台階上，排列整齊。

2.房間的餐後茶爲綠茶，必須注意綠茶不可以泡太久，約五秒左右就必須馬上倒出。

(十五)意見詢問

1.由領班以上人員負責。

2.當服務人員上完餐後茶、水果、甜點之後，應當再適時的補充茶水，並且誠懇的詢問客人對今天的菜色、服務之滿意與否，如果有建議，可以作爲日後的改善方針，並懇請顧客能夠再度光臨。

(十六)結帳

1.由領班級以上人員執行。

2.遵循客人指示，到櫃台或就坐爲客人買單。盡可能的讓客人就坐買單。

3.當客人提出結帳要求時，應該詢問其是否需統一編號，是否有開車來，以及他的付款方式，例如是用簽帳、刷卡、會員、現金或是房客等。

4.如果是刷卡則將爲其刷卡，有開車來的客人，其停車單一併處理，以便減少作業流程。

5.如果是常客，他要用簽帳的方式，則買單時直接讓客人簽上大名即可。

6.當客人餐畢而全體要離座的時候，領班級要能馬上確認其是否已結完帳，如果還未結帳，應當立即將點菜單的桌上那一聯，拿到櫃台給出納對帳，並且爲客人結帳。

(十七)送客

1.客人餐畢要離去時應當馬上向客人道謝，並且表示歡迎他再度光臨。

2.如果遇重要的客人，則必須送到門口，並且替他作按電梯的服務。且送客人，等待客人離去之後再回工作崗位。

3.包廂的客人，應當爲客人開門，且拿鞋靶給客人，並且向客人誠懇的道謝。

(十八)行禮

1.一見到客人的面，就必須馬上行禮，向客人打招呼，不論是否是來我們餐廳用餐的。

2.行禮時，必須面帶微笑，並且注視客人雙眼，親切問候，身體約15度的微微鞠躬。

3.當在餐桌上爲客人作完任何服務，要離開時，也必須微微向客人鞠躬行禮再退下去。

4.客人餐畢要離開時，必須鞠躬道謝，表示歡迎再度光臨。與客人打招呼，行禮時必須注視客人，不可邊作自己的事邊用嘴巴問候，或是匆忙敷衍。

第五節　導致食品成本增高的原因

(一)設立點菜單的目的

一般餐飲業的經營者，總是認爲「點菜單」如表9.1的目的無非就是憑此出菜，以及憑此收款，但是，一位優秀的餐廳經理，如果能夠善用「點菜單」則有很多的資料可以經由點菜單得知，而且對餐廳的經營分析是非常有幫助的。

然而，對餐廳的內部控制而言，只要餐廳的從業人員(包括主管)都能夠徹底執行點菜單的流程與規定，那麼餐廳營運的弊端將可以減到最低，而達到「只要有交易，應當收的都能夠全部收到」的境界。

表9-1　點菜單

餐廳名稱：			
日期：	桌號：	人數：	服務生：
項目：	名稱：	數量：	備註：
1.xxx			
2.xxx			
3.xxx			
4.xxx			
5.xxx			
6.xxx			
7.xxx			
8.xxx			
9.xxx			
10.xxx			

(一)點菜單的流程

分成下列三個步驟：

1.客人點菜前：當客人進入餐廳，經由帶位人員的引導到適當的位子，服務生會先遞上菜單，為了避免打擾客人，服務生會稍為站離一旁，等待客人的吩咐，在這段時間，服務生就在空白的點菜單上記上下列的事項：

(1)日期：填寫日期，表示是當日開立的，對於收入稽核的查核是為很重要的憑據，對餐廳經理來講，他可以將同日的點菜單加總並與財務部門核對，以便得知他的餐廳收入，財務部門是否有全部入帳。

(2)桌號：填寫桌號的目的，廚房調理好的菜餚，服務生才不致於送錯了桌。

(3)消費人數：填寫消費人數的目的有很多，例如這家餐廳的營業形態是「自助餐」的方式，那麼記明消費人數就變成非常的重要，因為點菜單上記明多少的消費人數，就表示餐廳應當有多少的營業收入。

(4)服務生的姓名或代號：服務生填寫他的姓名或代號在點菜單上的目的，是表示這一張點菜單是經由他開立的，有任何點菜單上的疑點可以請他解釋。反之如果服務生沒有註明他的姓名或代號在點菜單上，日後有任何的問題發生，餐廳的經理就不知要找誰詢問了。

2.客人點菜：一般而言，當顧客放下菜單，東張西望的時候，就表示顧客準備開始要點菜了。訓練有素的餐飲從業人員，無需等待顧客開口招呼他過去，他就應當立即趨前並詢問：「先生，可以開始點菜了嗎？」在顧客點菜時，服務人員在點菜單上必須填寫如下的內容與事項：

(1)菜名：要塡寫清楚，最好把菜名的代號也一起寫上，因爲對廚師來說，清楚的菜名能避免將菜色調理錯了，而且也可以節省時間，對出納來講，在電腦上是輸入菜名的代碼，而不是菜名。

(2)數量：阿拉伯數字，要盡量的工整，並且盡量與菜名對齊，如此對忙碌的廚師是一大利多。

(3)大小的分量：大小不同的分量，一般的餐廳一定會有不同的定價，所以當餐廳在菜單上已經註明了同一道菜色有大小分量的時候，那麼消費者如果特別告訴服務生要大或是要小的，這樣就必須在點菜單上特別的註明，否則碰到惡客，餐廳除了收不到之外，而且還必須向顧客賠不是。

(4)特別的叮嚀：這一點最爲重要，也是消費者最重視的。就如同上述的「大小分量」如果服務人員或廚師根本不重視或不注意消費者的叮嚀。小者，顧客會生氣，而不想付這一道菜餚的款項，大者，餐廳會失去這位顧客再度的光臨，甚至於，這位顧客會替餐廳作負面的宣傳。

在此舉一個實例，提供給讀者參考。在台北近郊的一個高爾夫球場內的一家餐廳，也是由國內知名的國際觀光大飯店來經營的。有天一位打完球的球員在這家餐廳用餐，點了一盤炒飯，再三的向服務人員交待：「請不要放蔥，我不敢吃」。這位服務人員看起來像是這家餐廳的主管模樣，她向顧客回答：「是的，先生」。不久之後，服務人員端來了炒飯，放著就要走，這位先生望了一眼炒飯，就向服務員說：「我不是說不要放蔥嗎？爲什麼還放了蔥呢？」這位服務員看了看炒飯，回答：「我寫了啊，我也不知道爲什麼還會有放蔥，沒關係了，先生，你就撿一撿吧」。從上述的例子，告訴我們應當對消費者的交待適當的尊重。如點菜單上的這一點，除了填寫上顧客的「叮嚀」外，服務生應當主動的告訴廚師有關「顧客的叮嚀」。良好的溝通是服務品質管理的最佳手段。

3.點菜單分別送達的順序：一般的餐廳，點菜單的設計都是一式三聯，第一聯給出納，第二聯給廚房，第三聯放在顧客的桌上。為了要區別起見，一般都是用不同的顏色來區分，例如許多大飯店的點菜單，第一聯是白色，第二聯是紅色，第三聯是黃色。這種巧合，可能是許多大飯店的採購單位在找廠商印製「點菜單」的時候，都找上了同一家印刷公司製作。也可能是這家印刷公司印多了自然成本就低了，競爭力也強了，因此提供的單價也比其他的印刷公司低廉。

另外，為了節省外場服務人員的工作時間以及提高他們的工作效率，點菜單的製作，是採用「非碳複寫紙」，只要填寫第一聯，第二及第三聯就自然的透印過去，無需在第二及第三聯之間再夾上複寫紙。只是這樣的製作方式，成本會比傳統的高出3到5倍左右。

還有的餐廳，點菜單的設計是一式四聯，那是因為這家餐廳內有兩個廚房。

不論，點菜單的設計是一式三聯或是四聯，當客人點好菜之後，就必須依照下列的順序分送「點菜單」。

(1)出納：很多餐廳的經理或服務人員總會有「顧客第一」的意識。因此當顧客點好菜，理所當然的盡快將點菜單送到廚房以便趕快製作，並在最短的時間內服務客人，以免遭顧客的抱怨；而不用太早或太急的送去出納處，這是一般餐廳服務人員的論調。乍聽之下這樣的論調的確很有道理。但是，如果點菜單是先到廚房，再送到出納，就有可能出現下列的弊端：

A.顧客都用餐完畢，「點菜單」還未送出納處，出納不知如何替顧客結帳。

B.如果餐廳允許點菜單的流程是「先送到廚房」那麼有可能服務生的親友來用餐時，該送到出納的那一聯，永遠不會到出納處，因為客人點的菜已經做出來並且送到客人桌上了，點菜單送不送到出納處已經不重要了。如此，服務生就機會將第一聯應當交給出納的點菜單作廢掉。如此他的親友用餐就不用付帳了。

基於內部控制，「防止作弊」的目的，點菜單三聯一齊，必須首先送到出納處。

(2)在計時鐘（Time Stamp）上打時間：國際觀光大飯店的餐廳幾乎都有購買計時鐘這樣的設備，但不是每一家餐廳都有買這一套設備。

使用計時鐘在點菜單上記錄時間的目的，是表示顧客何時進入餐廳，並且開始開餐的。常常有些不耐煩的顧客故意找餐廳的麻煩，會告訴餐廳服務人員說：「我已經等30分鐘了，怎麼點的牛肉麵還沒有好呢？」這時服務人員先看一下點菜單再向顧客回答：「再五分鐘就好了。先生，你才來五分而已啊。」如此的作業將使一般顧客會覺得不可思議，另一方面也會覺得這家餐廳的管理實在有一套。

(3)出納簽字：出納必須在點菜單上簽名，表示出納的確收到了服務人員送來的點菜單。而當出納把點菜單的內容輸入腦後，就表示餐廳會收到這筆交易的款項，所以在流程上，出納簽字後撕下第一聯，再將其餘兩聯還給服務人員。

(4)送交廚房：服務生再將第二聯送交廚房。

(5)放在客人桌上：最後，服務人員把第三聯置放於顧客的桌上，有的餐廳還特地設計一種夾子夾了這一聯點菜單，用完餐，可以連同夾子和點菜單到出納處結帳。而將點菜單第三聯置放在顧客桌上有下列兩個目的：

A.服務生或領班，會隨時將桌上的那張「點菜單」拿來查核，顧客所點的菜餚是否已經全部上桌了，如果還有沒有上的菜餚，他會再次的到廚房催促。

B.顧客有時也會看一下那張點菜單，計算一下，需要多少錢，以便結帳時，可以搶先付款。

(二)點菜單的規定

1.點菜單上必須要有出納的簽字，廚師才能出菜。這表示，如果點菜單上沒有出納的簽名，很顯然的點菜單沒有送到出納處，然而廚師也照單出菜的話，餐廳就有可能收不到這筆交易的款項了。

2.點菜單不准塗改：餐廳的從業人員，絕對不准塗改點菜單，因為如果可以准許讓服務人員塗改的話，就有可能發生下列舞弊的情形：

(1)消費人數的塗改：如果這家餐廳的經營形態是「自助餐」，而本來某桌的用餐人數是十位，然而沒有理由的，服務人員逕自改成五位，那麼餐廳當然就會損失五位自助餐的營業收入了。

(2)桌號的塗改：在此也舉一家經營形態是自助餐的餐廳來給讀者作參考。這家餐廳的自助餐每一客是450元，另外還必須加一成的服務費。假設有一對情侶用完餐之後，由於出納處很遠（對顧客而言），因此放了1,000元在桌上，也不想要找零錢就離開了，他們的桌號是10號。這時剛好有兩位客人上門，他們逕自坐到有空位的12號桌。如果這位服務生，企圖不再另外開立點菜單，就將10號桌的點菜單，直接放置在12號桌，而將10改成12，如此10號桌的兩客自助餐之款項就有可能被這位服務私吞。

(3) 數量或單位的塗改：假設這家餐廳的經營形態是廣式飲茶，付帳的方式是用點菜單的方式，而非數盤子的方式。如果點菜單上，服務生可以任意的塗改，而將大點改成中點，將中點改成小點，或是將10客點心改成3客點心，因此假使有這個情況發生，這家餐廳的銷售控制就必須要好好的檢討。

萬一客人堅持必須換菜，以致點菜單需要塗改時，必須三聯一齊塗改，而且需要經過「有權人」的簽字。爲什麼要說「有權人」，而不直接稱呼他的職稱。因爲有關這一點，每一家餐廳的規定有些不同。例如來來大飯店必須餐廳的主任級以上簽字，點菜單才可以塗改，而某些餐廳規定必須餐廳經理簽字才可以塗改。

以上的三點，每家餐廳如果能夠確實而徹底的執行，那麼必定能作到「只要有交易，應當收的款項，必定能夠全部收到」。

而餐廳隨著時代的進步，希望全館變成電腦化，但是不要忘記保持傳統「內部控制」的良好管理流程。

第六節　導致食品成本增高的原因

在前面的章節我們曾經提過，服務能讓顧客滿意的理由是，謹慎、體貼、善解人意、正確而快速。如果每一項服務細節，都的確能徹底的作到，不只顧客會再度光臨，而且由於服務的正確與快速也會使翻桌率提高，生意節節上升，直接、間接的也會降低餐廳的食品成本，因爲這是一種良性的循環。下列將說明餐廳服務與導致食品成本增高的原因，藉此了解如何控制餐廳的服務，以降低食品成本。

一、服務用的生財器皿缺乏標準尺寸

在任何一種餐廳，服務任何一道菜色，都應當用標準的尺寸器皿來上菜服務，否則會讓顧客覺得家餐廳的管理似乎有問題，也有可能會讓一道非常可口的佳餚，變成讓顧客抱怨的藉口。

在中餐，16吋的大圓盤，是一般酒席在裝魚翅或大菜用的；10吋的大圓盤則是小吃盛菜用的；6吋的骨盤是給顧客在面前盛菜用，魚翅盅是專門來裝魚翅或是特殊的湯用的。

在西餐廳，10至13吋的大圓盤是用餐前，擺在顧客面前展示用的；10至11吋的大餐盤則是裝主菜用的；8吋圓盤是裝沙拉或是裝點心用的；6吋圓盤則是裝麵包用，或則是其他用途的底盤，各有其標準的尺寸，標準的用途，不可亂用。

二、未留意剩菜的處理

一般的餐廳經理人員，大都會把剩菜，就當垃圾或是餿水處理掉。在某些餐廳，可能會有一些剩菜是可以回收再利用，如果量很多的話，善加利用就可能降低餐廳的食品成本。例如，一般觀光大

飯店的咖啡廳，由於有房客的關係，因此每天所供應餐的時段，除了正常的午餐與晚餐之外，一般都還提供早餐、午茶、宵夜，總共有五餐之多，因此消費人數也比其他的餐廳來得多。咖啡廳，總會提供麵包、牛油、果醬等，許多客人可能習慣上只用牛油，而不用果醬，或是只用果醬，不用牛油；也有的顧客麵包兩個只吃了一個，種種的情況，都會使咖啡廳剩下許多牛油、果醬與麵包。此時，應當集中收回廚房，可以讓廚師們再利用，當然，會使餐廳的食品成本降低。

三、廚房出菜與銷售量沒有詳細的記錄

一般的餐廳，廚房的出菜是來自於餐廳的點菜單，一定是有顧客來餐廳消費點菜，服務員才會開立「點菜單」，銷售也是一樣。當顧客來餐廳用餐，開立點菜單的同時，出納開立發票向顧客收款，相對科目就是銷售收入了。

若廚房的出菜與銷售沒有詳細的記錄，顯示服務員開立了「點菜單」，廚房憑著「點菜單」出菜，但是服務員，並沒有將「點菜單」送去給出納，可能是服務員生手不解「點菜單」的流程與規定；或者，服務員知道餐廳的規定與流程，但是把這張「點菜單」的款項吃了，這就是俗稱的吃單。餐廳在這一桌的銷售量，當然是沒有記錄，於是，餐廳菜是出了，食品的成本有用了，但是由於沒有收到顧客的款項，當然，食品成本就自然的增高了。

四、出菜時間延誤

出菜時間的延誤，有很多種的情況，例如下列的幾種狀況：

1.烹調設備突然故障。

2.生意太好了，廚師不夠應付。

3.請購、採購、驗收出了問題，該來的食品原物料，沒有齊全。

4.服務生不夠，本來餐廳的規定是每位服務人員負責一桌，但是人手不夠，變成一人服務兩桌。

5.生財器皿不夠，必須餐具收回，送到洗碗區，洗過、擦乾再趕快替顧客服務。

不論是那一種情況，致使出菜的時間的延誤，對顧客來講都是不可原諒的。比較不計較的顧客，大概口裡講兩句，下次不再來。如果碰到比較挑剔的顧客，可能會抱怨之外，還不肯付款。上述的兩種情形，直接、間接的都會影響餐廳食品成本的增高。

五、不留心以致食品變質

服務由於不留心，以致於使菜餚變質，或顧客就不敢使用的情況相當的多，茲舉例說明如下所述：

1.在顧客所點的菜餚中有頭髮。

2.在顧客所點的菜餚中有洗鍋子用具的鋼絲。

3.顧客點菜時，再三吩咐，不敢吃某些食材（如蔥），但是上菜時，顧客還是發現菜餚內有許多蔥。

4.出菜時，由於菜餚放在備餐台太久，以致於讓冷氣吹得涼掉了。

5.出菜服務時，服務生訓練不夠，竟然不小心，把大拇指放到菜餚內。

6.出菜服務時，沒有仔細的檢查，竟然在蒸魚的魚肚內讓顧客吃到鉛塊。

7.以上的種種情況，對顧客來講都是不可原諒的，都會影響他們用餐的情緒的。

8.出了這些狀況，餐廳經理，小者，需向顧客致歉；大者，顧客這頓飯，絕對不會付款。當然餐廳的食品成本又要增高了。

1.試述中餐的標準服務工作流程中，如何搬拼桌椅？

2.試述中餐的標準服務工作流程中，如何擺置餐具？

3.試述中餐的標準服務工作流程中，迎賓的要點。

4.試述中餐的標準服務工作流程中，帶位的要點。

5.試述中餐的標準服務工作流程中，顧客點菜的作業要點。

6.試述中餐的標準服務工作流程中，上菜前後的工作服務要點。

7.試述中餐的標準服務工作流程中，顧客用餐中的工作服務要點。

8.試述中餐的標準服務工作流程中，顧客用餐後的工作服務要點。

9.試述中餐的標準服務工作流程中，顧客結帳的服務要點。

10.試述中餐的標準服務工作流程中，顧客服務須知。

11.試述西餐服務方式的種類。

12.試述西餐的標準服務工作流程中，上菜前的準備工作。

13.試述西餐的標準服務工作流程中，上菜的服務要點。

14.試述西餐的標準服務工作流程中，用餐中台面的清理要點。

15.試述西餐的標準服務工作流程中，用餐中服務應注意的事項。

16.試述點菜單的流程與規定。

17.試述餐廳由於服務的不當，而導致食品成本增高的原因有那些。

第十章 財務分析

財務分析也稱爲財務報表分析，它是對企業的財務報表加以分析研究，以獲得提供決策的資訊。

第一節　財務分析的目的與方法

一、財務分析的目的

財務報表編製的目的，是在提供企業的財務狀況以及經營績效，以便提供給外部的使用者，例如債權人、潛在的股東、股東、及其他的人士參考。

一般來說，股東所關心的是這家公司的獲利能力，員工所關心的是這家公司是否能夠永續經營，債權人所關心的是這家公司的償債能力。而綜合了上述的這些人士所關心的事項，不外乎，這家公司的獲利能力與償債能力，這些資料可由損益表、保留盈餘表及資產負債表中獲得。然而，只有由上述的報表所列的金額無法迅速的瞭解償債能力和獲利能力的高低。但是，如果能夠用上述的報表中各有關的項目加以比較，將能夠更容易的瞭解，所以「財務分析」就是將企業的財務報表加以分析，以便迅速的瞭解企業之財務狀況和經營成果的方法。

總而言之，財務分析的目的乃是在「評估飯店過去的經營成果，以及衡量飯店目前的狀況，和預測飯店未來的發展趨勢」。本節將由下面的三方面來更進一步探討財務分析的目的。

(一)了解飯店財務結構能力

透過財務分析，可以了解飯店的財務結構，其分類及衡量的指標如下：

1.變現力：即短期償債能力，它的衡量指標爲「流動比率及營

運資金等。

2.收益力：即獲利的能力，衡量指標爲「投資報酬率、淨利率等」。

3.活動力：即資產運用的效率。衡量指標爲「應收帳周轉率、存貨周轉率、總資產周轉率等」。

4.穩定力：即長期的償債能力。衡量指標爲「負債比率、資本結構分析、固定資產占自有資金的比率等」。

5.成長力：即營業收入、淨利、淨值等成長的速度。衡量指標爲「各該項的比較分析或趨勢分析」。

(二)解答有關經營管理的問題

透過財務分析可以協助解答飯店有關的經營管理問題：

1.評核：評估飯店總經理或各責任中心經理的經營績效。

2.診斷：診斷管理上、業務上及其他方面可能在的問題。

3.甄選：爲選擇投資計畫或合併方案的初期，過濾不適合方案的工具。

4.預測：預測未來財務狀況及經營結果。

(三)提供不同使用者，作爲決策的相關資訊。

財務報表的使用者，包括飯店內部經理級以上的核心人員，以及飯店外部的債權人，投資者及其他利害關係人。不同的使用者，當然他們的目的與所需要的資訊是不同的。以下依照目的之不同分別來說明之：

1.財務長或總經理等飯店的管理當局分析財務報表的目的：管理當局關心的是該飯店在各種不同營運狀況下達成目標的程

度、獲利的能力，以及財務的狀況。管理者依照財務報表的各項資訊，製成各項分析，並且經過其比率的增減或趨勢的變動，來掌握飯店的財務狀況與經營成果的變化情形。

另外還可以利用「例外原則」的管理方式，對重大變化進行深入的研究，以便能夠即時的發現問題的所在，修改原訂的計畫，來擬訂因應的措施。

2. 債權人分析財務報表的目的：債權人是指提供資金給飯店的授信業者，因授信期間長短不一，因此有所謂的「長期債權人與短期債權人」之分。短期債權人關心的是借款。「飯店」在短期內是否有償還債務的能力，包括目前流動資產的變現能力（就是所謂轉換成爲現金所必須的時間長短），以及應收帳款和存貨等的周轉率。

   長期債權人關心的則是，除了飯店的短期財務狀況外，也關心該飯店長期的獲利能力以及營運資金的流量，因爲這是飯店支付利及償還本金的主要來源。

   另外，資本結構分析也非常的重要，穩固的資本結構（即資本比負債還多）可以提高債權人的保障，降低其本金無法回收的的風險。

3. 投資股票者分析財務報表的目的：一般股票投資者所作的決策，總是一些如「這支股票可不可以買？」或是「多少價格買才是合理？」這兩者的答案，必須預測股票的風險及投資的報酬。投資的風險與淨利的趨勢及穩定有很大的關係。投資的報酬則來自兩方面：(1)股利的分配及(2)股票價格的上漲。

   這兩者與飯店的獲利能力及股利的發放政策有關。然而，股利的發放政策又決定於飯店的財務狀況、資本結構，以及目前和未來對資金的需求情形。因此，凡是飯店的財務狀況、獲利能力以及資本結構等都是股票投資者作決策時所需要的資訊。

4.會計師分析財務報表的目的：財務審計的最終產品，就是會計師對財務報表，是否能適當的表達飯店財務狀況與經營結果所表示的專業意見。為了蒐集足夠的證據來作為表達意見的依據，查帳人員於查帳過程中所想要達成的目的之一，就是「確定飯店無任何重大影響財務報表，表達的錯誤或舞弊的存在」。

財務報表分析的某些工具，如比率分析、趨勢分析等，就是查帳人員藉以達成此一目的的重要技巧。經由此一過程，會計師可以獲取與查帳工作有關的資料與證據。

此類分析，尤其適用於查帳的初期，會計師用以了解飯店變動最大，弱點最多的地方，以便適當的掌握，並且給予較多的注意。

5.其他一些利害關係人，分析財務報表的目的

財務報表的分析也可以提供其他使用者作為決策所需的資訊。例如：

(1)稅捐處或國稅局：可用財務報表分析的技巧查核所得稅申報書，並且檢驗列報金額的合理性。

(2)政府行政機關：可以利用財務報表分析的技巧監督所屬飯店的經營。

(3)工會團體：可用財務報表分析的方法來評估飯店的財務報表。藉以協議合理的工資報酬。

(4)律師：可運用此類分析技巧以便深入調查與財務糾紛有關的案件。

二、財務分析的方法

(一)依分析方向

1.水平分析：將連續多期的財務報表間各項目的變化加以分析，或比較前後期各種事項的增減而言。

2.垂直分析：分析組成財務報表的各項目之間，對於全體的關係，或彼此相互間的關係而言。

(二)依比較方式

1.金額比較：是將同期或數期的財務報表上的金額互相比較，例如91年度的客房收入爲1億元，90年度的客房收入爲9千萬元，那表示91年度的客房收入要比90年度的客房收入增加一千萬元。

2.百分比的比較：只有知道金額的增加或減少是不足以反映這家公司財務報表的變化情形，如果能夠再加上「百分比」的變化分析，就更容易了解變化的情形。例如利用上述的例子，91年度比90年度客房收入增加了1仟萬元，也表示91年度這家旅館的客房收入比90年度增加了11%。

3.比率分析：同一報表或不同報表的某些項目之間具有關係，由其組成的比率，可以說明企業的某些關係。例如用流動資產與流動負債作比較，就可以得出「流動比率」，這個比率用來判斷這家企業的短期償債能力。

第二節 一般性財務報表

一般性財務報表顯示了該報表每一個項目都在共同的基準點上，例如損益表中的總營業收入爲分母，其他各項爲分子。就可以求出某營業項目是占總營業額的多少百分比，或者營業費用是占總營業收入的多少百分比。

利用一般性的財務報表所求出的百分比作爲分析的資料，稱之爲「垂直分析」。因爲它是由上往下垂直對照的，以總營業收入爲中心。

一、以一般性百分比分析損益表

損益表的共同基準點是總營業收入淨額，也就是總營業收入減去折讓。

例如餐飲部門的損益表（**表10-1**）左方這一行以簡潔的格式顯示出一個部門的損益表；右方這一行則表示以淨銷售爲基礎的一般性百分比。

表10-1　餐飲部門一般性損益表

項目	金額	百分比
食品收入	$50,600	101.2%
折讓	600	1.2
食品淨收入	50,000	100.0
食品銷售成本	19,000	38.0
毛利	31,000	62.0
費用		
人事費用	17,700	35.4
其他費用	9,000	18.0
費用合計	26.700	53.4
餐飲部門淨利	$4,300	8.6%

爲了編製一般型式的部門損益表，餐飲部門食品收入的淨銷售額（$100,000）被用來作爲和各單項相除的分母。也就是說，該表的每一項目都必須被同一個項目（食品收入淨銷售額）所除。所有的項目百分比都計算出來之後，一份數字報表就可以精確的得到。根據會計的計算流程，總食品收入減去折讓等於食品收入銷售淨額，再減去食品成本，則可以得到毛利。以毛利再減去營業費用就等於餐飲部門的淨利。根據這些流程的關聯性，報表上的金額和一般性財務報表百分比就可以反算回去確認，如**表10-1**。其確認的過程如下：

1. 總食品收入的101.2%減去折讓的1.2%等於食品淨收入的100%。
2. 淨食品收入100%減去食品成本38%就等於毛利率62%。
3. 毛利率62%減去總營業費用的53.4%就等於餐飲部門的淨利8.6%。

爲了取到小數點以下一位，因此有可能會有一點誤差，尤其是在四捨五入的時候。假設在沒有計算錯誤的狀況下，一般性的財務報表百分比的計算也必須依照個人的判斷，在確認過程中按照會計原則去調整計算的幅度。

例如：某飯店想將餐飲部門的損益表用一般性財務報表百分比來表示。計算過程中部分的損益表如下：

食品淨收入	$250,000	100.0%
食品成本	84,125	33.7%
毛利	165,875	66.4%

百分比的計算是取到小數點以下第一位，但是，總數加起來結果就超過了100%。因爲100%的食品淨收入減去食品成本33.7%並不等於66.4%的毛利。所以小數的取捨便有賴於個人的判斷了。

表10-2是用一般性的財務報表百分比的計算方法，來表示毛利率。表中將毛利的百分比降到66.3%，以便符合總數加起來有等於100%。

表10-2　一般性損益表的小數取捨

食品淨收入	$250,000	100.0%
食品成本	84,125	33.7
毛利	165,875	66.3
費用		
人事費用	101,100	40.5
營業費用	26,100	10.4
其他費用	22,087	8.8
合計	149,287	59.7
部門淨利	$16,588	6.6%

假設有下列一組資料以一般性財務報表百分比法計算：

人事費用	101.100	40.4%
營業費用	26.100	10.4%
其他費用	22.087	8.8%
合計	149.287	59.7%

三項加總的百分比是59.6%，這又是四捨五入的關係，那到底要調整那項費用呢？才會調整後變爲59.7%

其實，百分比不應當和計算的結果有所不同，至於是否要把各別的百分比調升或調降則視它的總額而定。用毛利率66.3%減去59.7%的費用合計數的確是6.6%的淨利。因此，不是把總費用的百分比調整，就是調整某一項費用的百分比，使總費用的百分比變爲59.7%。

有一種常用的方法，就是把所有的費用項目中數字最大的予以調整，因爲這樣作的目的是分析時的影響會是最小的。如**表10-2**，就是把人事費用的40.4%，調整爲40.5%。爲了提供管理上更進一步的財務資訊，財務報表上會加上其他營業費用，如**表10-3**。

一般性財務報表的分析，比較適用於損益表。因爲它能顯示出費用因營業收入的提升或下降而產生變化，尤其是食品成本或飲料成本，就等於是變動成本。理論上，食品收入上升，食品成本也會上升，但是食品成本百分比是不會變的。

二、資產負債表的一般型分析

一般型分析的計算方式是用總資產當分母去除個別的項目可以換算成一般型百分比。所呈現的也就是個別項目與資產的關係，公式如下：

一般性百分比＝個別項目$　總資產$

其中那些組成總資產項目其百分比都要調整到100%，相同的，總負債和業主權益的百分比也要調整到100%。

表10-4的一般性百分比都是除以一個共同的分母「總資產」（$3.247.412）。一般性百分比在長期規劃和比較上具有相當的意義。例如決定食品成本百分比和人事成本百分比等。

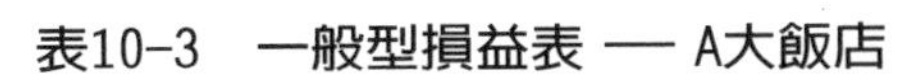
表10-3　一般型損益表 — A大飯店

A大飯店

損益表

1月1日－12月31日92年

項目	金額	百分比
淨收入		
客房	$897,500	56.3%
餐飲	524,570	32.8
電話	51,140	3.2
其他部門	63,000	3.9
租金、其他收入	61,283	3.8
總收入	$1,597,493	100.0
成本與費用		
客房	205,239	13.8
餐飲	437,193	27.4
電話	78,763	4.9
其他部門	50,350	3.2
管理費用	164,181	10.3
行銷費用	67,868	4.2
維修費用	61,554	3.9
能源成本	47,312	3.0
租金、財財稅、保險費	80,738	5.1
利息費用	192,153	13.0
折舊、攤銷	146,000	9.1
總成本和費用	1,531,355	95.9
財產處分前淨利	66,138	4.1
財產處分利得	10,500	0.7
稅前淨利	76,638	4.8
所得稅	16,094	1.0
淨利	$60,544	3.8%

表10-4　一般型資產負債表 — A大飯店

A大飯店 資產負債表 12月31日92年		
資產		
流動資產		
現金	$58,500	1.9%
有價證券	25,000	0.8
應收帳款	40,196	1.2
存貨	11,000	0.3
預付費用	13,192	0.4
合計	147,888	4.6
固定資產		
土地	850,000	26.2
房屋	2.500,000	77.0
家具和設備	475,000	14.6
小計	3,825,000	117.8
減：累計折舊	775,000	23.9
小計	3,050,000	93.9
租賃改良物	9,000	0.3
生財設備	26,524	1.1
總計	3,095,524	95.3
其他資產		
開辦費	4,000	0.1
總資產	3.247,412	100.0%

第三節　比較性財務報表

比較性財務報表能夠呈現出兩個以上不同時期的比較性資訊。基本上，比較性財務報表可以用各種方法來比較本期與前期的財務狀況。不管是金額的或是百分比的，甚至於其他的特殊方式。

比較是財務報表分析中最重要的一部分。財務報表分析有一個前提，就是「單獨的數字本身並不具備任何意義」，必須與其他有關的數字比較才有意義，經過比較之後，才能顯示出差異與例外，也才能完成不同方案的選擇。比較可以分爲下列三種：

一、不同飯店相同期間的比較

就是指一家飯店，在某期間某一項目或項目與項目間的關係，與其他同業相同期間的相同項目或關係加以比較分析，其目的在「了解飯店的競爭地位」。

二、相同飯店不同時期的比較

就同一家飯店，在不同時期財務報表中的相同項目，或相同項目與項目之間的關係加以比較分析，其的目的在「了解各該項目或關係的增減變動情形及變動的趨勢」。

三、與同業平均或其他標準作比較

一家飯店某期間某一項目或項目與項目之間的關係，與同業的平均水準、預算或其他預先設立的標準作比較，其目的在「評估飯店在同業的相對經營績效，或達成預定目標的程度」。

藉著比較性財務報表在一張財務報表上同時掌握不同時期的變動情形，可以找出飯店動向和趨勢。比較性的資產負債表可以看出飯店的財務狀況變動；比較性的損益表可以看出飯店的經營成果。

比較性分析可以稱之爲「水平分析」，因爲是依照年份由左至右排列而成的。

當兩個以上的期間一同呈現時，其金額上的變化應當要標示出來，例如：

	2010年	2009年	差額
食品收入淨額	$100,000	$50,000	$50,000
食品成本	40,000	20,000	20,000

金額上的改變，並非指比率上已經發生放變，百分比率比總額更能表現出其改變的幅度。而總金額的改變可以前期總金額爲比較基礎，來換算成百分比。其換算的公式如下：

百分比的變化＝金額變化$　前期金額變化$

這個比較表可以因爲額外的資訊而增加，如下：

	2010年	2009年	差額	差額%
食品收入淨額	$100,000	$50,000	$50,000	50%
食品成本	40,000	20,000	20,000	50%

表10-5呈現A大飯店的資產負債表，藉由比較資料來補充，請注意，這些百分比並不是被同一個除數所除，相反的，每一列的除數都隨著前一期的總金額的不同而有所不同。與一般性財務報表百分比相較之下，比較性的財務報表不必為了符合100%而去調整每個項目的百分比。

表10-5　比較型資產負債表－A大飯店

A大飯店
比較型資產負債表
91年12月31日 & 90年12月31日

	91年	90年	$改變	%改變
資產				
流動資產				
現金	$58,500	$61,506	$(3,006)	4.9%
有價證券	25,000	25,000	0	0
應收帳款	40,196	38,840	1,356	3.5
存貨	11,000	10,143	857	8.4
預付費用	13,192	12,165	1,027	8.4
合計	147,888	147,654	234	0.2
固定資產				
土地	850,000	792,000	58,000	7.3
房屋	2,500,000	2,500,000	0	0
家具和設備	475,000	427,814	47,186	11.0
小計	3,825,000	3,719,814	105,186	2.8
減累計折舊	775,000	640,000	135,000	21.1
小計	3,050,000	3,079,814	(29.814)	1.0
租賃物改良	9,000	10,000	(1,000)	10.0
生財設備	36,524	49,403	(12,879)	26.1
合計	3,095,524	3,139,217	(43,693)	1.4
其他資產				
開辦費	4,000	5,500	(1,500)	27.3
總資產	$3,247,412	$3,292,371	$(44,959)	1.4%

（續）表10-5　比較型資產負債表－A大飯店

負債				
流動負債				
應付帳款	$13,861	$18,642	$ (4,781)	25.6%
長期負債流動部分	70,000	70,000	0	0
應付所得稅	16,545	24,619	(8,074)	32.8
應計薪資	11,617	9,218	2,399	26.0
其他應計項目	7,963	10,899	(2,936)	26.9
預收收入	3,764	5,875	(2,111)	35.9
合計	123,750	139,253	15,503	11.1
長期負債	2,055,000	2,125,000	70.000	3.3
負債合計	2,178,750	2,264,253	85,503	3.8
股東權益				
普通股，面値一元授權和發行50.000股	50,000	50,000	0	0
額外投入資本	700,000	700,000	0	0
保留盈餘	318,662	278,118	40,544	14.6
總股東權益	1,068,662	1,28,118	40,544	3.9
總負債與股東權益	$3,247,412	$3,292,371	$44,959	1.4%

第四節　財務報表分析的工具與方法

當分析人員基於其特定的目的進行財務報表分析的時候，應當依照其決策所需攸關資訊選用適當的分析工具或方法。通常可以採用的分析工具或方法種類很多，茲將其分類如下：

一、動態分析

就是前面章節已經有敘述的「水平分析」。是指就不同期間的相關財務資訊加以分析，常用的動態分析方法有下列兩種：

(一)比較分析

比較分析是將兩期或兩期以上的財務報表並列比較，比種比較性的財務報表對報表使用者有很大的助益，經由各期財務報表的互相比較，一方面也可以衡量飯店經營的績效。目前國內對於公開的財務報表，都是採用前後兩期並列的方式，以便比較。

比較分析法，以可以分成下列幾種：

1.金額上的比較：直接觀察兩期或兩期以上的財務報表，每一項目金額上的增減，以評估增減結果對飯店的影響。

2.金額變動的比較：是將以金額來表示的比較性財務報表，增加一欄「金額差異」。以協助報表使用者獲得較明確的增減變動金額，並且對變動較大的項目加以檢討，使其能掌握增減變動的主要原因。

3.百分比變動比較：是將以金額的差額變動來表示的比較性財務報表，增列一欄「百分比」，也就是將變動金額的差額，化為百分比來表示。使報表使用者可以很容易的看出來各項目不同期間增減變動的相關性。

由於各項目的金額大小的差距很大，僅以金額的變動無法看出各項目變動的相對幅度，因此金額的變動還需要加上百分比的變動；反之，如果只有百分比的變動而沒有金額的變動，也可能使分析不夠周全。例如在同一報表中，基數爲$1,000的項目與基數爲$10,000的項目，變動百分比都是50%，但是，在金額上的變動顯示，後者變動的重要性，當然是遠超過前者。因此金額的變動與百分比的變動應當同時考慮，才能掌握重要的變動訊息。

(二)趨勢分析

一般人對一家飯店所關心的是這家飯店的未來前途，而非僅是過去的業績，但是經由過去多期財務狀況以及經營成果來比較或許可以預測這家飯店未來的展望。但是，將很多期的財務報表逐一比較，可能會很雜亂，無法展現飯店發展的具體方向，所以通常都將各期的數字，化成百分比來顯示其上下的趨勢。

因此，所謂「趨勢分析」是指連續數年的財務報表選定一個基準的期間，而以該期的每一項數字爲100，計算每一期間數值，各使用者可以經由研究、觀察飯店過去的各期的趨勢財務報表，預測其未來發展，以擬訂有利的決策。

二、靜態分析

靜態分析是以同一年度內的財務報表資訊期間作交叉分析。常用的靜態分析有下列兩種：

(一)結構分析

結構分析又稱爲「垂直分析」，或稱「縱向分析」，也有稱之爲「共同比分析」或「同型表分析」。是將財務報表中各組成的項目金額占總額的百分比，在金額的旁邊設專欄列示，藉以顯示財務報表中各項目之間的相對重要性。由於不論飯店的大小及不同年度金額上的差異，化為百分比後報表的總數永遠為100%，所以稱為共同比財務報表。

共同比財務報表可以顯示飯店財務狀況，與經營成果的內部結構，並且可以將不同飯店的共同比財務報表加以比較，以比較其結構的差異，也可以將同一飯店不同年度的共同比財務報表加以比較，以了解報表中各項目的變動情形。

1. 共同比資產負債表：是以資產總額與負債及股東權益總額作為100%，再將各資產項目化為資產總額的百分比，同時將各負債及股東權益項目化為負債及股東權益總額的百分比。共同比資產負債表分析之重點，一方面為「分析飯店的資金來源，以了解其財務結構」，另一方面為「分析資金投入資產的配置情形，以了解其資產的結構」。
2. 共同比損益表：是以營業收入的淨額作為100%，再將損益表中各項目化為營業收入淨額的百分比。按百分比表示後，可以很容易看出每一元的銷貨金額分配於各項成本、費用及淨利的情形。

(二)比率分析

財務報表乃是將飯店日常發生的一些經濟活動加以記錄、分類、彙總後的結果，因此相關的項目之間必然存在有一定的關係。

「比率分析」就是將財務報表中具有意義的兩個相關項目結合為一個比率，這個比率可以判斷財務狀況或經營成果和各主要事項間的相互變動情形。

透過「比率分析」，常常可以發現僅由觀察構成比率的個別項目所不能發現的事實，但是使用比率分析時應當要注意，構成比率的兩個項目之間必須要有重大的關係，否則比率就沒有意義了。同時，如果能合理說明相關的兩個項目之間的互動關係，也可以設計出適當的比率計算公式，作爲衡量的指標，並給予適當的名稱，常見的比率將在下節中加以介紹。

第五節　比率分析

一、比率分析的意義

比率顯示財務報表中兩個相關項目之間的關係，表達方式有以下三種：

1.百分比：例如流動資產爲流動負債的200%。

2.倍數：例如流動資產爲流動負債的2倍。

3.比例：例如流動資產爲流動負債的2：1。

二、比率分析關注的主題

財務報表分析的工具與方法雖如上述有許多種的選擇，但是主要仍然取決於決策事項主題的需要。唯有與主題相關的分析才是適切有用的分析，比率分析也需要因應報表使用者關注的主題，選擇適當的衡量指標而作分析。

多項的比率使用在財務報表分析中，在此選擇一些使用者經常關注的重要題目，以及各主題常用的比率。茲將說明如下：

(一)短期償債能力分析

短期償債能力又稱爲「變現力」，是指飯店取得現金或資產變賣以償還債務的能力。衡量短期償還債務的能力之方法有下列幾種：

1.流動比率：在財務報表分析中最爲常見的比率。其公式如下：

流動比率＝流動資產　流動負債（計算到小數點以下兩位）

引用A大飯店資產負債表的資料如**表10-5**。會計期間的結束日爲91年12月31日其計算如下：

流動比率＝流動資產／流動負債＝147,888／123,750＝1.20

流動比率是1.20比1。表示有1.20元的流動資產對每一元的流動負債，此比率適當於否，可以和前幾期的比率或同業標準比率作比較之後才去作判斷。

2.速動比率：又稱爲「酸性測驗比率」。速動比率比流動比率的說明更加精細。在計算這個數字時，速動比率只用某些流動資產，因爲它們流動較快，也就是可以更快速的變換成爲現金。這個比率排除了一些流動資產。如存貨、預付費用等。其公式如下：

速動比率＝現金＋有價證券＋應收帳款　流動負債

也必須計算到小數點以下兩位。

引用A大飯店資產負債表的資料，如**表10-5**。會計期間的結束日爲91年12月31日。其計算如下：

速動比率＝現金＋有價證券＋應收帳款／流動負債

＝58,500＋25,000＋40,196／123,750

＝123,696／123,750

＝1.00（大約）

速動比率是1.00比1。表示每一元的流動負債即有一元的流動資產可以用來償還債務。它是否合理，可與同業或早期的比率去作比較。

3.應收帳款周轉率及帳款收回的平均天數：表示飯店讓特定人士所簽帳的金額平均幾天可以收回。周轉率越大則平均的收回天數就越少。其公式如下：

應收帳款周轉率＝賒銷淨額　（期初應收帳款＋期末應收帳款）　2

引用表10-5A大飯店91年12月31日的資產負債表的資料，其計算公式如下：

應收帳款周轉率＝賒銷淨額／（期初應收帳款＋期末應收帳款）／2

＝600,000／（40,196＋38,840）／2

＝600,000／39,518

＝15.18

應收帳款收回的平均天數＝365天／應收帳款周轉率

＝365／15.18

＝24.04天。

4.存貨周轉率及存貨周轉平均天數：存貨周轉率表示在某特定期間內，存貨售出和進貨的周轉次數，存貨周轉率被界定為變動的比率。而存貨周轉期間表示在多少時間內可以將存貨全部售出。而計算存貨周轉期間是為了增強存貨周轉率的正確性。計算公式如下：

存貨周轉率＝銷貨成本　（期初存貨＋期末存貨）　2

平均存貨常用一年的期初存貨及期末存貨的平均值來計算。另一種更精確的方法是用個別的十二個月的存貨資料。

存貨周轉率越高，存貨的銷售速度就越快。存貨比例在飯店的餐廳營運中很難論定，因為有些存貨是有時效性或容易腐敗的。因此這種比率只是一個平均值。在界定的時候必須要非常的小心。

引用**表10-5**的資料，其計算如下：

存貨周轉率＝銷貨成本／（期初存貨＋期末存貨）／2

＝437,193／（10,143＋11,000）／2

＝437,193／10,572

＝41.36次。

存貨周轉期間＝365天／存貨周轉率

＝365天／41.36

＝約9天

也就是說，在91年間，所有的存貨量平均只能支持9天，但這只是所有存貨的平均狀況，有些是具有時效性的存貨還是要個別去處理。

5.淨營業周期：計算公式如下：

應收帳款收回的平均天數＋存貨周轉平均天數－應付帳款付現平均天數

(二)獲利能力分析

獲利能力分析，是指藉著分析損益表上的銷貨收入與淨利、稅前淨利、營業淨利及毛利的關係，以了解飯店銷貨收入支付各項成本及費用的能力。通常有下列幾種的分析比率：

1.毛利率：其計算公式如下：

毛利率＝銷貨毛利　銷貨收入淨額

2.營業淨利率：其計算公式如下：

營業淨利率＝營業淨利　銷貨收入淨額

表示營業外收入與支出前的淨利。

3.稅前淨利率：其計算公式如下：

稅前淨利率＝稅前淨利　銷貨收入淨額

表示營利事業所得稅之前的淨利。

引用**表10-5**A大飯店91年12月31日的資產負債表，其計算如下：

稅前淨利率＝稅前淨利／銷貨收入淨額

＝76,638／1,597.493

＝4.8%

4.本期淨利率：其計算公式如下：

本期淨利率＝本期淨利　銷貨收入淨額

表示是在營利事業所得稅後的淨利。

引用**表10-5**A大飯店91年12月31日的資產負債表的資料，其計算如下：

本期淨利率＝本期淨利／銷貨收入淨額

＝60,544／1,597,493

＝3.8%

(三)資產運用效率分析

資產運用效率分析在衡量管理當局運用資產賺取收益的效率，通常以資產周轉率爲其衡量的指標，資產周轉率越大表示其運用的效率越高。它常用的分析方法有下列三種：

1.固定資產周轉率：其計算公式如下：

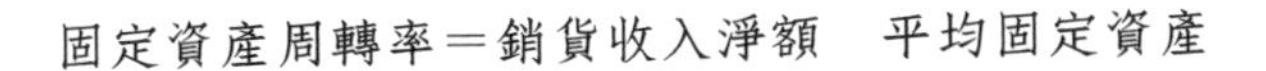

固定資產周轉率＝銷貨收入淨額　平均固定資產

2.總資產周轉率：其計算公式如下：

總資產周轉率＝銷貨收入淨額　平均資產總額

3.資產周轉率或稱爲股東權益周轉率：其計算公式如下：

淨資產周轉率＝銷貨收入淨額　平均投東權益

(四)投資報酬分析

投資報酬分析是在指衡量資金投資獲取報酬的情形。投資所得報酬之多寡常與投資者所涉及的風險大小有關，風險越大，投資者所期望得到的報酬就會越高。反之投資者的風險越小，較小的投資資報酬就可以讓投資者滿意了。因此對於風險相當的公司，投資者常以投資報酬率來評估其經營的是否好壞，並且決定投資的方向。常用的分析方法有下列三種：

1.總資產報酬率：其計算公式如下：

總資產報酬＝本期淨利＋稅後利息費(1－稅率)　平均資產總額

2.股東權益報酬率：亦稱爲淨資產報酬率。股東權益報酬率是用來測量股東投資所能回收的利潤。

其計算公式如下：

股東權益報酬率＝本期淨利　平均股東權益

引用**表10-5A大飯店91年12月31日的資產負債表**資料，計算如下：

股東權益報酬率＝本期淨利／平均股東權益

＝60,544／（1,028,118＋1,068,662）／2

＝5.8%

此計算的結果顯示股本管理及使用的效益，此報酬率應該和同業標準率相對照，並且用來計算其他的投資機會。

3.普通股股東權益報酬率：其計算公式如下：

普通股股東權益報酬率＝本期淨利－特別股股利　平均普通股股東權益

(五)資本結構與長期償債能力分析

一般的飯店取得資產必須先取得資金，而資金的來源可以分爲流動負債、長期負債及股東權益。籌措資金的形態，亦即不同來源資金之相對比例，稱爲「資本結構」。長期債權人所關心的是飯店是否有能力支付利息並且於債務到期時能如數的歸還本金。因此飯店的自有資金比率越高，負債的比例就越小。對長期債權人的保障則越大。但是，如果飯店營運狀況良好，運用舉債的資金，其所賺得的利潤，當大於舉債所必須支付的利息時，對股東而言，提高負債比例將是可以使其賺得更高的報酬。

一般而言，衡量飯店的資本結構及長期償債能力的方法有下列幾種：

1.負債比率：其計算公式如下：

負債比率＝負債總額　資產總額

2.權益比率：其計算公式如下：

權益比率＝股東權益總額　資產總額

3.負債對股東權益比率：其計算公式如下：

負債對股東權益比率＝負債總額　股東權益總額

引用**表10-5**A大飯店91年12月31日的資產負債表的資產負債表的資料，其計算如下：

負債對股東權益比率＝負債總額／股東權益總額

＝2,178,750／1,068,662

＝2.04%

4.股東權益固定資產比率：其計算公式如下：

股東權益對固定資產比率＝股東權益總額　固定資產淨額

5.長期資金對固定資產比率：其計算公式如下：

長期資金對固定資產比＝長期負債＋股東權益　固定資產淨額

6.利息保障倍數：其計算公式如下：

利息保障倍數＝稅前淨利＋利息費用　利息費用

(六)財務槓桿的比率分析

財務槓桿是以自有的權益資本作爲舉債的基礎，運用支付固定報酬的負債來擴大盈餘，並且以其付息後的盈餘全部歸給股東，來達成增加權益資本報酬率的目的。但是，財務的槓桿作用具備了「兩面刀鋒」的本質，如果舉債擴充經營所增加的淨利低於支付的利息費用則爲了覆行支付利息的義務，反而會使股東原來可以享有的盈餘遭受侵蝕。

1.財務槓桿指數：其計算公式如下：

財務槓桿指數＝股東權益報酬率　總資產報酬率

2.財務槓桿比率：其計算公式如下：

財務槓桿比率＝資產總額　股東權益報酬率

比率越大，表示自有資金的比重越低，「財務風險」較高，但是當「兩面刀鋒」發揮作用時，其有利、無利的影響效果較大。

第六節　財務報表分析的限制

財務報表的使用者利用財務報表分析來評估一家公司或一家飯店過去的經營成果及目前的財務狀況，並且期望對未來可能的發展作最佳的估計與預測，以便提供決策者的參考。使用者在作分析時，需注意財務報表的限制及各個數字所代表的意義，經審慎的解釋與運用後，才能有效的發揮財務報表分析的作用。原則上，財務報表分析的限制有下列幾種：

一、估計

帳務處理的過程中，經常牽涉到估計的問題。例如，呆帳的提列、固定資產的耐用年限及其殘值等，估計錯誤或估計不當，將會影響財務報表的適當性而使財務報表分析的結果不正確。

二、會計方法的選擇

一般公認會計原則中常常並列多種方法提供給會計人員選擇。由於依照不同方法處理所得的損益數字及資產評價常常不同。使得不同公司間的報表常常不能比較。

三、歷史成本

傳統會計處理都是以歷史成本作爲入帳的基準，而不會去考慮物價水準以及目前價值的變動，所以在物價水準變動比較大的時候，將使財務報表分析的結果不具有實質的意義。

四、資料的代表性

一家飯店的結帳日期對財務報表具有某種程度的影響。例如，結帳日在營業收入屬於小月的飯店，其可銷售商品存貨的量，一定比旺季來得低。因此在此種情況下，飯店業用旺季與淡季作比較是沒有意義的。

五、公司間的其他差異

就公司間財務報表作比較分析時，必須注意行業的特殊性、經營理念等對各公司財務狀況的影響。例如，旅館業必須投入許多客房設備、廚房設備等，因此固定資產占資產的比例往往比買賣業來得高。

問題與討論

1.試述財務報表分析的目的。

2.試述財務報表分析的方法。

3.試述財務報表分析的方式。

4.何謂垂直分析？

5.何謂比較分析？

6.常見的比較分析有那幾種 ？

7.試述財務報表分析的工具與方法。

8.試述下列比率分析的公式：

(1)流動比率。

(2)速動比率。

(3)應收帳款周轉率及應收帳款平均收回天數。

(4)存貨周轉率及周轉平均天數。

(5)本期淨利率。

(6)固定資產周轉率。

(7)股東權益報酬率。

(8)負債對股東權益比率。

餐飲旅館系列

餐飲財務分析與成本控制

作　　者／陳哲次
出 版 者／揚智文化事業股份有限公司
發 行 人／葉忠賢
總 編 輯／閻富萍
地　　址／新北市深坑區北深路三段 260 號 8 樓
電　　話／02-8662-6826
傳　　真／02-2664-7633
網　　址／http://www.ycrc.com.tw
E-mail ／service@ycrc.com.tw
ISBN ／978-957-818-656-9
初版一刷／2004 年 10 月
初版八刷／2017 年 7 月
定　　價／新台幣 400 元

＊本書如有缺頁、破損、裝訂錯誤，請寄回更換＊

國家圖書館出版品預行編目資料

餐飲財務分析與成本控制 ／ 陳哲次著. -- 初版
-- 臺北市：揚智文化， 2004[民 93]
面； 公分

ISBN 957-818-656-8（平裝）

1. 飲食業 – 管理 2. 成本控制 3. 財務管理

483.8 93013311